滋賀でいちばん大切にしたい会社

SHINCO METALICON

JN116188

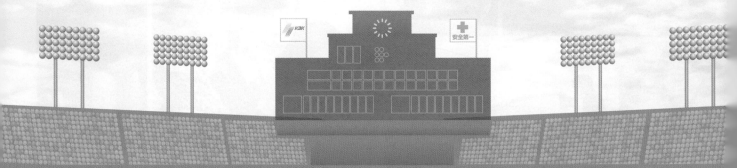

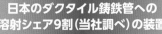

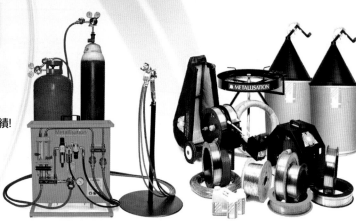

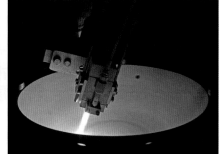

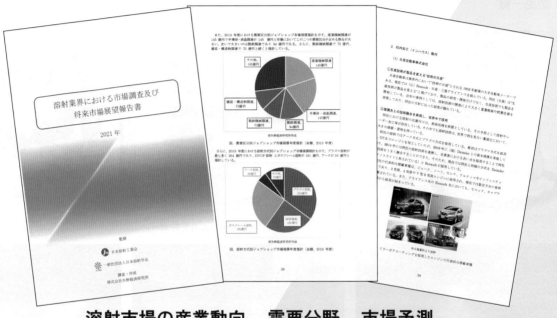

Thermal Spray
Day 4月28日
溶射の日

溶射の歴史

それは
1909年4月28日
スイスの発明家マックス
・ウルリッヒ・ショープ博士によって
世界で初めて溶射の発明を
ドイツにて登録をしました
ここから溶射の歴史は始まりました

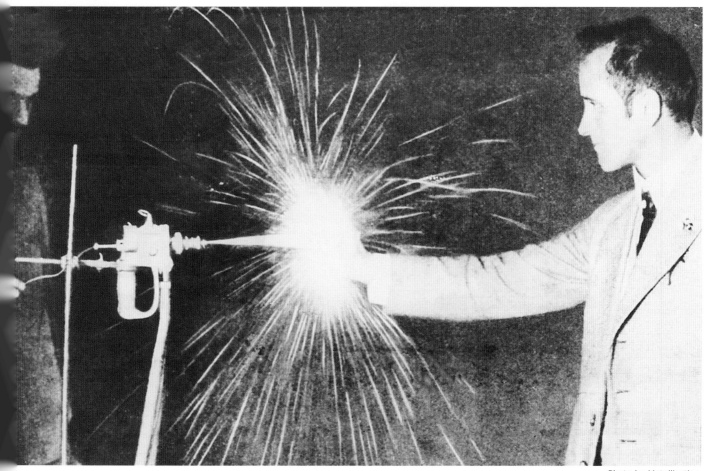

Photo by Metallisation

GTV社 レーザークラッド用（LMD用）周辺機器

クラッドノズル GTV6625

◆GTVのレーザークラッドノズル PN6625
（6ジェットパウダー送給、25mmスタンドオフ距離）

内径肉盛用クラッドノズル I-Clad

◆GTV社の内径コーティング用クラッドノズル "I-Clad"（アイクラッド）
　最小肉盛内径：60mmφ
　内径肉盛長さ：500mm（標準品）

パウダー送給装置（パウダーフィーダー）PFシリーズ

◆溶射用（プラズマ溶射、HVOF用）や
　レーザークラッド用（レーザー肉盛）の粉末送給装置として
　世界中での実績あり

◆1塔式（パウダーホッパー1本）から
　最大4塔式（オプションで更に増設可）まで用途に応じて供給可能

◆稼働中には実際値もパネルに表示

◆その他、多彩なオプションが選択可能

レーザークラッド装置、設備の導入は是非ご相談ください。

貴社とメーカーを直結する技術専門商社

三興物産株式会社

〒550-0013 大阪市西区新町2丁目4番2号なにわ筋SIAビル7F
TEL. 06-6534-0534　FAX. 06-6534-0532
URL. http://www.sanko-stellite.co.jp/　E-MAIL. sanko.b@crocus.ocn.ne.jp

溶 射 技 術

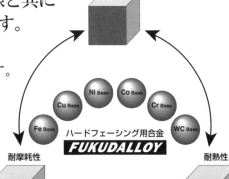

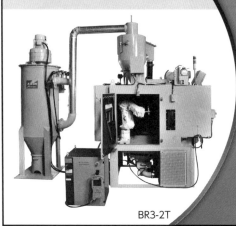

TPF-1012型 POWDER FEED SYSTEM
（粉末連続定量供給装置）

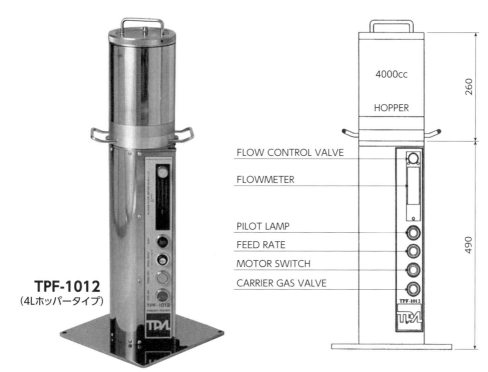

TPF-1012
（4Lホッパータイプ）

4000cc

HOPPER

260

490

FLOW CONTROL VALVE
FLOWMETER
PILOT LAMP
FEED RATE
MOTOR SWITCH
CARRIER GAS VALVE

項　目	仕　様
使用ガス	N2、Ar、Air（DRY）
粉末供給量	① 50〜500cc/hr：KU
	② 100〜1000cc/hr：S
	③ 400〜4000cc/hr：M
	④ 1000〜10000cc/hr：L
ホッパー容量	4L（標準）、8L、12L、20L
電源	AC100V（50/60Hz）
サイズ	φ165×750H
重量	約25kg

カートリッジ型
ホッパー

- 粉末の連続定量供給制御を可能にし、±5％で供給制御が可能です。
- カートリッジ型ホッパーを採用のため、複数ホッパーを所有することで、粉末のコンタミがありません。
- 軽量コンパクトな設計で移動も簡単、出張工事に最適です。
- レーザークラッド用粉末供給機としての実績があります。
- 3Dプリンター用としての微量供給も制御可能にしました。
- その他、不明な点がありましたらお問い合わせ下さい。

島津工業有限会社
〒500-8333 岐阜市此花町6-1
TEL.058-253-3691　FAX.058-253-4356

九溶技研株式会社
〒812-0007 福岡市博多区東比恵3-21-19-102
TEL.092-441-5787　FAX.092-481-5071

http://www.tpajp.com/

職人たちが
あってこそ。

ムラタでは高精度溶射技術を
核としたトータルな表面加工を
提案しております。
この業界のリーディングカンパニー
としてのムラタを支えているのが
弊社が誇りとする職人達であり、
使われるお客様の喜ぶ顔を想像
しながら今日もモノづくりを続
けています。

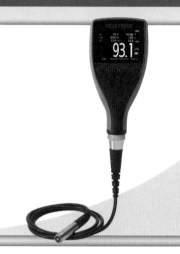

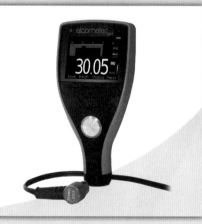

◇表紙説明

溶射技術 Vol.41 No.2 広告索引　　　（五十音順）

特集1

溶射材料と溶射用ガス

　近年，溶射技術はさまざまな産業分野において適用が拡がっており，表面改質技術の一つとして必要不可欠なものとなっている。とくにこの十数年間で半導体関連やフラットパネルディスプレイ用途への適用が顕著に進んでいる。このように産業技術が年々進歩する中，溶射皮膜への品質要求は細分化され，その幅が拡がっている。

　特集では，サーメットやセラミックスをはじめ，スラリー製品や，樹脂とセラミックスの複合材料など，幅広く製品ラインナップする紛体材料メーカー・㈱フジミインコーポレーテッドがさまざまな用途に適した溶射用材料の特性を紹介するとともに，積層造形用超硬粉末材料の実用化に向けた開発について報告。また，世界的な粉末専門メーカー・Höganäs（ヘガネス）が開発した低合金で耐摩耗性が高く，耐衝撃性にも優れた合金材料の特徴や適用事例などを紹介する。

　一方，溶射皮膜の成膜で重要なパラメータの一つである産業ガスに着目し，ガスメーカー・岩谷産業㈱が高機能セラミック溶射皮膜の成膜を可能とするプラズマ溶射用ガスの概要と特性について解説する。

市場ニーズに合わせた溶射用および積層造形用材料の開発

玉越　充洋

㈱フジミインコーポレーテッド

1　はじめに

　溶射技術はさまざまな産業分野において適用が拡がっており，表面改質技術の一つとして，必要不可欠なものとなっている。この十年ではとくに半導体やフラットパネルディスプレイ用途への適用が顕著に拡大している。こうした先端産業の分野においては，皮膜に対する要求品質が厳しく，焼結体に近い特性が求められることもあり，よりち密な皮膜が求められるケースが多くなっている。また，航空や発電のタービンでも，熱遮蔽性を向上させるための多孔質な皮膜や外部環境を遮断するためのち密な皮膜が求められている。産業技術は年々進歩しており，それに伴って皮膜への品質要求は細分化され，その幅が拡がっている傾向がみられる。品質要求が厳しい用途においては，PVD（Physical Vapor Deposition）やAD（Aerosol Deposition）といった高品位な成膜プロセスが適用されることも多く，溶射技術でこれらの皮膜特性に近づけるためには，使用される材料の選定はもちろんのこと，プロセスやその条件も十分に吟味される必要がある。

　当社は，創業以来培ってきた粉末調整技術をベースに溶射材事業を立ち上げ，各産業分野に向け多種多様な溶射材料の開発，提案をおこなっている。おもな取扱い製品はサーメットやセラミックスであるが，本稿で紹介するようなスラリー製品や樹脂とセラミックスの複合材料もラインアップしており，上述した用途への適用を想定した検討事例を報告する。また表面改質技術とは異なるが，超硬の積層造形技術に関しても実用化を目指した開発を実施しており，併せて報告する。

2　サスペンションプラズマ溶射用スラリー製品

　サスペンション溶射とは，セラミックスなどの素材を，水またはアルコールなどの溶媒と混合した懸濁液を溶射材料とし，溶射する方法である。当社においては，高速フレーム溶射およびプラズマ溶射用のサスペンション材料開発を進めてきた。ここではとくに開発が進んでいる高出力型プラズマを用いたSPS（Suspension Plasma Spraying）について紹介する。

　SPSは，APS（Atmospheric Plasma Spraying）で困難な多孔質柱状組織やち密皮膜の形成ができるようになり，先端産業分野への適用が進んでいる[1, 2]。今回は，SPSのメリットの一つであるち密皮膜について，紹介する。使用する材料をサスペンションにすることで，従来のAPS用粉末では流動性が悪く供給できなかった数μmの微粉末を溶射機に供給することが可能であり，ち密な皮膜形成が実現している。一例としてY_2O_3のAPS皮膜とSPS皮膜の断面写真を図1に示す。SPS皮膜は，視覚的に判断できるような大きな気孔がなく，均質な組織を有していることがわかる。また，皮膜表面の粗さは低く，滑らかな皮膜が形成されている。こうした特徴により，半導体製造装置などでの耐久性向上が期待されている。溶射材料としては，分散性，長期間の安定性や保管後の使用時における再分散性をコントロールすることが重要であり，材料に合わせて細かな調整が求められる。

　SPSの課題としては，ランニングコストおよび溶射条件の制限があげられる。SPSの場合，1パス当たりの溶射レートは通常数μm程度になる。APSの成膜レートが10μm以上であることを考えると，一定の膜厚を得るのに時間がかかるため，施工コストは高くなる。溶射条件においては，溶媒を気化させ，材料を溶融させるため，高出力プラズマが使用され，一般的なAPSに比べてガスや電力コストが高くなるケースが多いようである。

　SPSで使用される微粉末は，プラズマの熱によって容易に溶融するが，一方で飛行中に冷えて凝固しやすい。そのため，APSと比較して溶射距離を近づける必要があり，条件によっては，基材への熱影響で皮膜にクラックやノジュールが発生したり，剥離が起こったりする場

合がある。この課題を解決するために，トラバース速度を上げたり，十分に基材を冷却したりすることで，基材への入熱をコントロールする必要がある。また，溶射角度も膜質へ大きな影響を与える因子として知られており，実際のワークは垂直溶射できない場合が多いことから注意が必要である。SPS の場合は，図2に示す Y_2O_3 皮膜の例のように，同じ溶射距離でも角度が異なると気孔率が大きく異なる。均一なち密皮膜を得るためには，溶射条件および材料面での最適化が必要とされている。

以上のことから，SPS はち密さが期待できる反面，コスト高や溶射条件の許容幅が狭いため，適用用途が限られているのが現状である。こうした課題を材料面から解決するために，成膜レート向上に繋がる高濃度スラリーや溶射条件の影響を受けにくい材料を提案していきたい。

3　多孔質皮膜用溶射粉末

次に多孔質皮膜用粉末を紹介する。発電用ガスタービンや航空エンジンの燃焼室やタービン翼といった高温の燃焼ガスに曝される環境では，トップコートに YSZ

（Yttrium Stabilized Zirconia）などを溶射した TBC（Thermal Barrier Coating）が適用されている。溶射TBC は，皮膜中に気孔を有することで熱伝導率の低い皮膜を形成し，耐熱性を得ている。また，YSZ は基材やボンドコートに近い熱膨張係数を有しており，トップコート材に適した材料といえる。

近年，エンジンやタービンの高出力化および高効率化のため，より高温域での遮熱性が求められるようになっており，EB-PVD（Electron Beam-Physical Vapor Deposition）による YSZ の柱状組織皮膜が適用され，SPS においても同様の組織を目指した開発が進められている。こうした柱状組織皮膜は，低熱伝導で耐熱衝撃性に優れるものの，非常に脆く皮膜としての強度が懸念される。当社は，APS 皮膜において熱伝導率や強度に影響を与える気孔に着目し，気孔率，気孔サイズおよびその分布をコントロールすることで，熱伝導率が低く，かつ実用に耐えうる強度の溶射皮膜の検討をおこなっており，その事例を紹介する。

材料は 8YSZ（ZrO_2-8%Y_2O_3）を用い，皮膜中で気孔となる樹脂を添加して造粒することで 8YSZ と樹脂が複

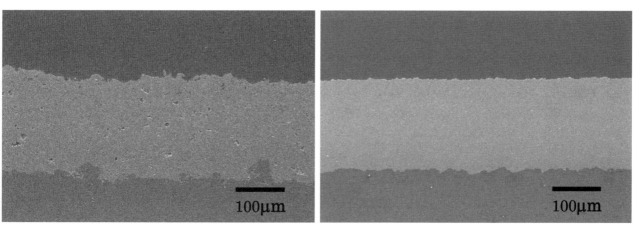

図1　Y_2O_3溶射皮膜の断面SEM画像（左:APS,右:SPS）

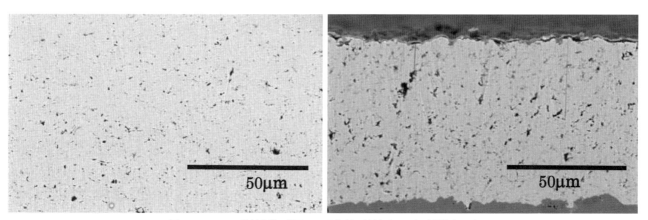

図2　Y_2O_3のSPS溶射皮膜の断面SEM画像（左:溶射角度90°,右:溶射角度45°）

合化された，例えば図3のような溶射材料を得た。また，気孔のサイズや数を調整するため，樹脂のサイズや添加量を変更した粉末を作製し，APSで溶射した皮膜を図4，5に示す。溶射後の状態では皮膜中に樹脂として残存しているため，熱処理により樹脂が取り除かれて気孔が形成される。これらの断面写真によると，樹脂のサイズやその添加量の違いによって，異なる皮膜組織が得られて

いることがわかる。大きな樹脂（Dv50%：22 μm）を用いた皮膜（図4）では，皮膜中の気孔サイズも大きく，偏在化しているが，小さな樹脂（Dv50%：4 μm）を用いることで小さな気孔を比較的均一に分散させることができる（図5）。図6は，皮膜の気孔率と熱伝導率の関係を示している。樹脂サイズによらず，気孔率が高くなると熱伝導率は低くなるが，細かな樹脂の方が気孔率の

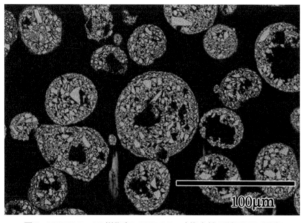

図3　YSZ/18vol.%樹脂（Dv50%:22μm）複合粉の断面SEM写真

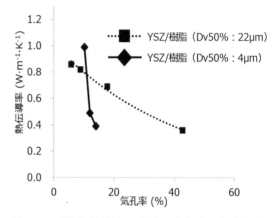

図6　YSZ/樹脂複合材料をAPS溶射した皮膜の気孔率と熱伝導率

図4　YSZ/樹脂（Dv50%:22μm）複合材料をAPS溶射した皮膜の断面SEM画像（左:樹脂添加量18vol%,右:樹脂添加量42vol%）

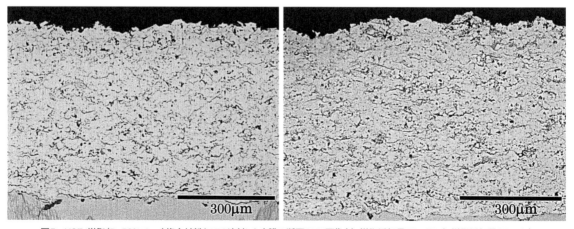

図5　YSZ/樹脂（Dv50%:4μm）複合材料をAPS溶射した皮膜の断面SEM画像（左:樹脂添加量12vol%,右:樹脂添加量37vol%）

変動に対して，熱伝導率の変動が大きいことがわかる。約15%の気孔率において両皮膜を比較すると，細かな樹脂の皮膜の方が熱伝導率はかなり低くなっている。また，この皮膜は粗大な気孔がほとんどなく，均一な組織であることから強度も期待でき，摩耗試験においては，同程度の気孔率を有する粗い樹脂の皮膜に比べて，大幅に耐摩耗性が向上している[3, 4]。

こうした知見をベースに，今後はお客様からのご要望に合わせた材料の設計をおこない，実機環境に耐えうる材料開発をおこなっていきたい。

4 積層造形（3Dプリンタ）用 超硬粉末

次に当社が提供する積層造形用超硬粉末について紹介する。積層造形法には多くの方式が存在する中，粉末床溶融結合（PBF：Powder Bed Fusion）や指向性エネルギー堆積法（DED：Direct Energy Deposition），レーザ粉体肉盛法（LMD：Laser Metal Deposition）などの粉末を使用する造形方式では近年金属材料の適用が広がりを見せており，工具鋼やマルエージング鋼など高硬度が得られる材料の上市も進んでいる。超硬合金はそれら材料よりも高い硬度や耐摩耗性を有するため，当然その積層造形ニーズは存在するものの，さまざまな課題から普及が進んでいなかった。超硬合金で構造物を作製する場合，通常はバルク体から切削や研磨をおこなう。そのため複雑形状を加工する場合には超硬合金の高い機械的特性が故に加工費用や日数の増加を招いてしまう。

一方，積層造形法では自由な内部空間設計やニアネットシェイプ，必要な箇所のみの処理が可能なため，積層造形法を超硬合金に適用できた場合のメリットは他材料よりも大きいと考えられる。そこで当社は超硬粉末による積層造形の実現と普及を目指してレーザ式PBF装置を社内に導入し，粉末材料と造形条件の両面から研究開発を進めてきた。なおこの取り組みの一部は公的機関とも連携して実施している[5]。

図7にレーザ式PBFによる造形の模式図を示す[6]。レーザを用いたPBFでは不活性ガス雰囲気内において敷き詰めた粉末の必要部分にのみレーザを照射して粉末を溶融固化させた後，その上にさらに粉を敷いて同じことを繰り返し，最終的に目的とする形状を得る。当社では超硬材料として広く用いられているWCとCoの組合せを主体に積層造形用超硬粉末の開発を実施してきた。開発した積層造形用超硬粉末（WC/17%Co）を使用し，実際にPBFで作製した超硬造形体の例を図8に示す。これら造形体は造形後に熱処理されたものである。従来，超硬の造形では相対密度の低さや内部欠陥が問題となっていた。それに対し当社粉末は粉末特性，組成から積層造形用に専用設計しているため，適正な造形条件とその後の熱処理条件を設定することで99.9%以上の相対密度を実現している。また，狙い形状に対する熱処理後の寸法誤差も±200 μm程度に収まっているため，積層造形のメリットである自由な内部空間設計やニアネットシェイプが十分に実現可能である。これにより超硬造形技術

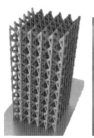

線幅：0.5mm〜　　内部穴径：1mm〜

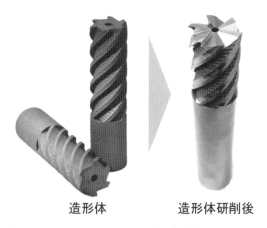

造形体　　　　　造形体研削後

図8　PBFによる超硬造形例

図7　レーザ式PBFによる造形の模式図

表1　超硬造形体 物性評価例

組成	密度 (g/cm^3)	硬度$^{※2}$ H_{RA}	抗折力$^{※2}$ (MPa)
【使用粉末】$^{※1}$ WC/17%Co	14.1	87.3	1.2
参考：超硬材料規格 JIS V30　Co量：8～16%	－	87.0以上	1.4以上

※1 当社製品名 DAM-W29-20/5
※2 測定方法　硬度:JIS Z 7726準拠
　　　　　　　抗折力:JIS R 1601準拠

の利用が超硬材料への新しい機能の付与や製作納期短縮などに寄与することを期待している。次に超硬造形体の物性評価例を**表1**に示す。含有Co量が比較的近い超硬工具材料 V30 と物性を比較した場合，抗折力については規格値を下回るものの硬度は規格値を満足する結果が得られている[7]。現在は顧客やサービスビューロとの協業による超硬造形の用途開発や実用に向けた評価を進めるとともに，造形体のさらなる物性改善に向けて材料と造形条件の開発を継続している。

　当社は粉末製造，造形，評価に関わる装置を自社で保有しているため，積層造形用材料の開発と販売に加えて造形テストやその物性評価の顧客支援まで対応可能である。また PBF 用に限らず LMD，DED 用超硬粉末の製造，販売も実施している。今回紹介したような取組を通じて超硬合金による積層造形の普及を実現し，それを利用する業界，顧客の発展に貢献していく所存である。

5　おわりに

　冒頭述べたように，溶射技術の適用範囲は拡大しており，それに伴い新しい溶射プロセスおよび材料への新たな要求が高まっている。最近では，再生可能エネルギー，クリーンエネルギーといった，地球温暖化対策に対して長期的な環境政策の方針が各国から示されている。今後，環境・エネルギー分野は大きく成長する市場と期待されるが，それ以外のあらゆる産業用途においても，高機能化，高寿命化は共通の課題であり，表面改質技術が担う役割は非常に重要になってくるであろう。

　当社としては，さまざまな業界からの要求に対して，機能面，コスト面から最適なソリューション提案をおこなっていくとともに，積層造形などの新たなプロセスにも挑戦し，材料・プロセス開発力を高めることで，社会に貢献していきたいと考えている。

参 考 文 献

1）Nicholas Curry, Kent VanEvery , Todd Snyder , Johann Susnjar and Stefan Bjorklund. Performance Testing of Suspension Plasma Sprayed Thermal Barrier Coatings Produced with Varied Suspension Parameters. Coatings 2015, 5, 338-356

2）Kitamura, J.; Tang, Z.; Mizuno, H.; Sato, K.; Burgess, A. Structural, mechanical and erosion properties of yttrium oxide coatings by axial suspension plasma spraying for electronics applications. J. Therm. Spray Technol. 2011, 20, 170–185.

3）湯浅 芙美，佐藤 和人，諌山 拓弥 "Porosity control for TBCs provided by polymer-ceramics composite powder", 2019 年 ITSC 発表資料

4）岡本 直樹，益田 敬也，伊部 博之 "YSZ- 樹脂複合粉末を用いた APS 皮膜の組織工場と熱伝導特性", 2021 年春期溶射学会発表資料

5）知の拠点あいち 重点研究プロジェクト　http://www.astf-kha.jp/project/project3/files/astf_PM_08_0222_compressed%20_new.pdf

6）伊部 博之，加藤 雄太，山田 純也，加藤 正樹，鈴木 飛鳥，高田 尚記，小橋 眞 "超硬合金粉末を用いたレーザ積層造形の微視組織形成過程"，粉体および粉末冶金，67(2020) pp.313-319

7）超硬工具協会規格 CIS 019C － 1990

高耐摩耗・耐衝撃性皮膜材料「Rockit606/706」

門司　匠

ヘガネスジャパン㈱

1　はじめに

　粉体肉盛溶接は，線材として成形できない合金も粉末に製造可能で自動化も容易なことから，耐食性，耐摩耗性を付与する肉盛方法として広く利用されている。合金粉末は100種以上の組み合わせから使用環境に求められる特性，施工の実現性，費用対効果によって選定されたものが使用されている。とくに耐摩耗性を要求される環境においては，Metal Matrix Carbide（MMC）系の被膜が高い効果を上げている。MMCは硬質材であるWC/W2Cの粉砕紛（CTC: Cast Tungsten Carbide）やそのほかの炭化物と合金粉を，機能と施工性のバランスから適切な割合で混合し，PTA（Plasma Transferred Arc）またはLC（Laser Cladding）で施工することにより，合金マトリクスの内部に大型の硬質粉末を拡散保持した状態の被膜である。粒径100μm程の硬質粉末が被膜内に残存できることが特徴で，おもに石油や天然ガス掘削，石炭や鉱石の採掘など，厳しい環境で長時間の使用が要求される分野で施工されている。

　MMC被膜は耐久消耗材の寿命を向上させる一方，クラックフリー施工条件幅の狭さ，硬質粉末の溶解，硬質粉末の溶解が起因するクラックの発生，硬質粉末のマトリクス内での偏析，材料コストの変動，衝撃に対する脆さなどの課題を抱えている。

　ヘガネスはこの課題に着目し，低合金で耐摩耗性が高く，耐衝撃性にも優れた被膜の開発を進めてきた。本報告では開発品Rockit606/706の特徴を紹介したい。

2　合金の設計

　鉄をベースとした合金は低コスト・高パフォーマンスであり，ほかの金属よりも環境への負荷が低い。盛金に使用されるものはマルテンサイトのマトリクスに1種類か数種類の硬質層が拡散されているものが主である。アブレイシブ摩耗や衝撃への耐性はマトリクスの組織構造および硬質相の組成，硬質粒子形状と大きさ，分布域，分布量及によって特徴付けられる。一方，これらの特性は溶融プールの冷却速度の影響を受けるため，同じ組成の粉末を使用してもワークの材質や形状，施工条件により被膜の性質は異なるものとなる。

　LCと比較して母材との希釈度が高いPTAでは，母材を鉄鋼材と想定した場合，希釈による被膜内の鉄成分増加を想定したうえで，目標とする金属組織が得られるものを設計する必要がある。

　また，ビード内部でも部分的に異なる熱履歴が発生し組織が変化する。ビード表面の保護ガスよりも母材の熱伝導が大きいことから，被膜の表面と母材近辺では冷却速度の差による組織の違いが発生する。ビードのオーバーラップ箇所においては被膜が再加熱されることになり，下層ビードにおいて熱処理および固体拡散が発生している。硬化肉盛された被膜は熱処理を伴わず，施工後の組織形態が最終的な特性となる場合が多い。

　したがって，被膜の特性だけを目標に合金設計するのではなく，前述の因子における変動をいかに許容しながら，安定して特性を出せる成膜が可能かを検討する必要がある。

　初期の成分選定は計算状態図CALPHADの熱力学モデルソフトを使用することで簡易かつ短時間でおこなうことができる（図1）。Thermo-Calc Software社のTC=Pythonをインターフェイスに使用することで，従来は手動でおこなっていた計算入力がマトリクス計算にて可能となり，1日あたり数百万式の計算ができるようになった。実際のPTA，LCの冷却速度の高さを考慮すると，計算状態図では被膜の平衡状態の正しい予測はできない。しかしながら，どの温度で相変態が開始するか，また初相で硬質相が析出するかどうかを知るうえでこの計算は有効である。初相で析出した硬質相と，共晶相で析出した硬質相では形態が異なり，初相は液相状態で成長するため，共晶相の硬質相と比較し硬質相が大きくなる。

もう一つの計算方法は Scheil モデルを用いたものである。この計算式では液相内の混合は常に均一であり固溶の拡散はないものと仮定している。よって前述の計算状態図との結果に差が生じる。この差がミクロ拡散の敏感さを表す指標となる。

現実の盛金の場合においては急冷により拡散は最小限となるが，拡散が全く発生しない訳ではない。この拡散を計算因子に追加するには拡散モデルを用いた計算が必要となるが，急速冷却のために時間軸の枠を小さく区分して計算する必要があり，また化学成分の個々の含有割合の許容幅が大きく，それらを変化因子として入力すると膨大な時間を要することになり現実的ではない。こうした拡散モデルの計算は前述のオーバーラップにおける再加熱時の固溶拡散の影響を検証する場合等に用いられるべきと考える。

計算から導かれるのは相分率，成分，分布であり定量的な結果となる。この結果は技術者自身が解釈をおこない，目標とする組織ができるまで，新しい条件を追加するかさらなる計算を用いることとなる。条件とされるのは硬質相の種類と量，初相硬質相の形成，FCC-BCC 変態，そしてマトリクスの組織である。安定した性能を出すにはすべての影響因子を考慮したうえでマルテンサイト変態が保証される必要があり，フェライトや残留オーステナイトの生成を極力避けなければならない。また耐食性

を必要とする場合はマトリクス内における Cr の量が必要最低限保持されなければならない（図2）。

多くの計算によって，多くの結果が導き出される。これらを3次元以上の測定で可視化して評価するのは現実的ではなく，現在この評価を統計的にかつ数学的に評価できるシステムを利用している。

CALPHAD を使用するにあたり重要となるのは，この計算がデータベースを基におこなわれているということであり，新しい合金を適用する場合は新しいデータを入力する必要がある。合金データがデータベースに登録されていない場合には，誤った計算結果が導かれる可能性があるため，事前に実証実験から得たデータを入力しておく。

開発品 Rockit606/706 はマルテンサイトのマトリクスに硬質炭化物を分散させ，耐摩耗性をもたせるものである。V，Cr，C の量を調整することでコストとパフォーマンスを調整している。V は面心立方状（FCC）の球状炭化物（MC）になることで耐摩耗性をもたらす。この特性は A11 鋼においても確認がとれる。C の量を保ちながら V の量を下げることにより Cr リッチな共晶相が作られる。この共晶相が硬度と耐摩耗性をもたらすと同時に，V の量を下げることで地金のコストを抑えることができる。LC においては PTA より急冷されるため，C と O の反応により発生するガスが被膜内に残留する問題があり，C の値を下げる必要がある。

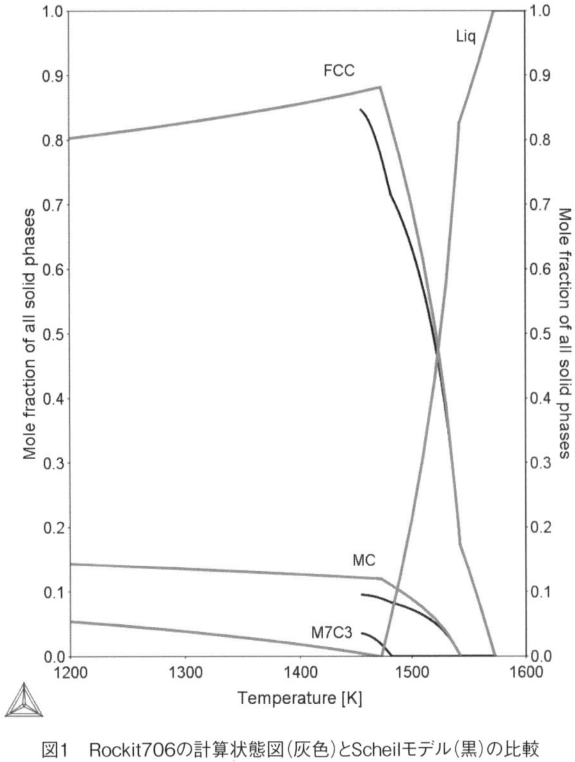

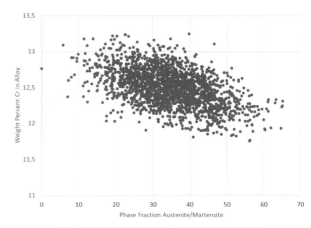

図2　他元素を固定しCrを振った場合の相分率予測例

図1　Rockit706の計算状態図(灰色)とScheilモデル(黒)の比較

溶 射 技 術

表1　評価に使用した粉末の成分(wt.%)

	C	V	Cr	SI	Fe
Rockit® 706	2.6	6.0	5.0	1.0	Bal.
Rockit® 606	2.0	6.0	5.0	1.0	Bal.
A11	2.45	9.75	5.25	1.0	Bal.

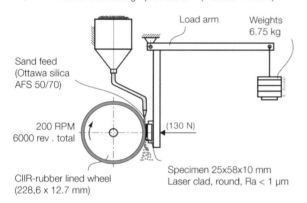

a)

ASTM G65 testing - procedure A (AISI D2: 44 mm³)

Load arm
Weights 6.75 kg
Sand feed (Ottawa silica AFS 50/70)
200 RPM 6000 rev . total
(130 N)
CIIR-rubber lined wheel (228,6 x 12.7 mm)
Specimen 25x58x10 mm Laser clad, round, Ra < 1 μm

図3　ASTM G65規格,手順Aに準拠した研磨摩耗試験の概略図

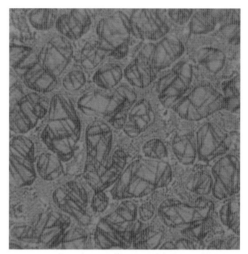

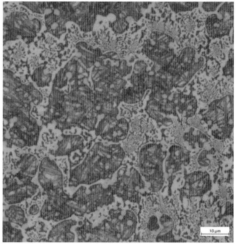

図4　Fe-5.7Cr-2V-1.5C(上)およびRockit706(下)の組織比較

3　検証

　Rockit606，706，A11 の組成を表1に示す。

　アブレイシブ摩耗試験に使用する母材は EN S235JR の軟鋼を，試験片は PTA および LC の両方で用意した。PTA は Commersald 社製 300I にて電流 130A，粉末供給量 30g/min，移動速度 10cm/min の条件で施工，アルゴンに5%の水素を混合させたガスを使用した。これらの条件は一層盛りで希釈を15%以内に収めることを条件として選定している。LC は Laserline 社の LDF7000-40 を使用した。照射形状は円形と長方形の両方でおこなわれ，希釈率5%未満，気孔およびクラックのない被膜を条件とした。

　試験片はビード方向に対し垂直に切断し，ベークライトに埋め込み，標準的な金属組織観察用の手順でグラインドした後に研磨した。エッチングは Vilella 液(100mL：95% エチルアルコール，1g ピクリク酸，4mL の HCl 液)にておこなった。エッチングされた試験片は光学顕微鏡(LOM) にて観察し，エッチングしないままの試験片にてエネルギー分散型X線分析装置（EDS）付きの走査電子顕微鏡（SEM）で観察した。ロックウェル硬さは Wolpent 硬度測定器を使用し，グラインドされた表面の7点を測定しその平均値とした。アブレイシブ摩耗の評価は ASTM G65 基準Aを適用し，フェニックストライボロジー社製の TE65 を使用して測定した（図3）。

　前述の通りおもな添加素材は V，Cr，C とし，最終的な組成の微調整においては実験結果から可視評価をおこなった。図4は開発段階における2つの合金の組成の例である。サンプル1は Rockit706（Fe-5Cr-6V-2.6C）サンプル2は Fe-5.7Cr-2V-1.5C の合金である。サンプル2は V と C の量が少なく，組織はマルテンサイト相のデンドライトと，インターデンドライトの共晶相で構成されている。この組織において MC 型の炭化物は見受けられない。MC 型炭化物は V と C の量を増やした Rockit706 の場合に生成され，MC 炭化物はマルテンサイトマトリクス内に白点として見ることができる。

両成分の平衡状態図を図5に示す。図5から読み取れるように両合金ではMCの生成の割合に差がある。一方で斜方晶炭化物M7C3の生成量には大きな差はみられない。計算状態図の結果は実験結果と同じで，共晶相にあるM7C3の炭化物はどちらの合金も同じ量であるが，MC型炭化物はRockit706にしか見られない。

より詳細に観察するためにSEM観察およびEDX解析をおこなった。図6にSEM画像を示す。この図ではMCタイプ炭化物は黒くなりLOMよりも鮮明である。炭化物のサイズは数μmである。EDXにて各相の成分解析した結果を表2に示す。炭化物はVCであり，共晶部はCrリッチでM7C3炭化物が存在している。

成分マッピングを図7に示す。VC内を除き鉄は全て

の相にて確認された。VC内ではVとCが主性分であるがCrの存在も確認できる。Crは共晶相に集中しているがマトリクス組織内にも存在している。VはVC以外に共晶部で散見される。

図1の計算状態図とSehilモデルの比較にあるように，計算状態図ではVCのみが凝固過程で生成される炭化物となっており，M7C3は固相から最初に析出する炭化物となっている。しかしながら図3で確認できるように，CrCを含む共晶相が生成されていることは明確であり，このことはScheilモデルにて予見できている。

Rokit706の機械特性をPTAの試験で評価し，結果をA11材と比較した。Rokit706とA11は類似の金属組織をもつ材料であるが，A11はマルテンサイトのマトリクス

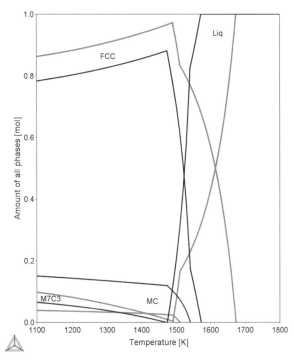

図5　Rockit706（黒線）およびFe-5.7Cr-2V-1.5C（灰色線）の計算状態図

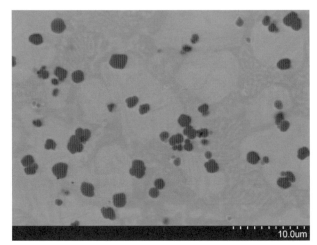

図6　Rockit706 SEM画像

表2　相別EDX解析

	V	Cr
	wt%	wt%
Eutectic	5.1	7.5
MC	5.4	4.9
Matrix	1.6	3.1

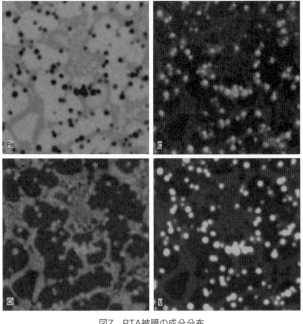

図7　PTA被膜の成分分布

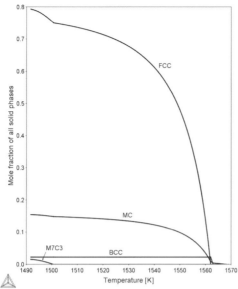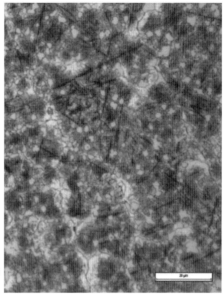

図8　A11,マルテンサイトマトリクス中のVCを示すScheilモデルおよびLOM画像

をVCが補強する構造でほかに硬質相の存在はほとんど見られない。A11の平衡状態図と組織画像を図8に示す。

　前述のように硬化肉盛において盛金後の熱処理は一般的ではないが，母材に及ぼされた熱影響からの復元や，母材の組織改良の目的において熱処理がおこなわれることもある。Rockit706においては想定用途の使用環境から2パターンの熱処理で評価をした。一つは900℃で1時間保持した後オイルバス冷却で焼入れした場合。もう一方は700℃で2時間保持した後に空冷で焼き戻しをした場合である。それぞれのA65アブレイシブ摩耗結果を図9に示す。Rockit706は肉盛のままの状態でHRC65，減損体積は14mm^{3}となっている。減損体積はG65試験の減量結果を比重で体積に計算したものである。焼入れ後も被膜の硬度には差がないものの，耐摩耗性において改善がみられる。焼き戻し後は硬度が低下し，摩耗量も増加する結果になっているがA11と比較してRockit706の安定性が高いことがわかる。

　図10に盛金後のまま，焼入れ後，焼き戻し後の3条件におけるRockit706のVとCrの元素マッピングを示す。図からMCは常に安定している反面，マトリクス組織および共晶相の組織に変化が起きていることがわかる。とくに焼き戻し後において組織の変化が著しい。この熱処理後の変化の大きな違いは，熱処理温度がオーステナイト変態の温度より高いか低いかに起因している。700℃はオーステナイト変態より低い温度となり，マルテンサイト組織を軟化させる。A11においてはマルテンサイト相がおもな組織となっているため影響が大きい。対してRockit706はMC以外にも共晶相が残ること

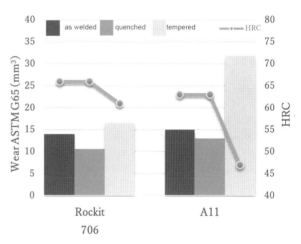

図9　Rockit706およびA11条件後の硬度と摩滅量

によりA11と比較して耐摩耗性能が維持されている。

　Rockit706の相変化の具合と各層のマクロ硬度を調査した。図11のLOM画像でみられるように700℃で熱処理をおこなうとデンドライト組織のマルテンサイト相が成長する反面，インターデンドライト組織の共晶相が減少しているのがわかる。またマクロ硬度を測定した結果，デンドライト組織のマルテンサイト相は焼き戻しによって硬度が大きく減少するものの，共晶相のインターデンドライトは比較的硬度を維持していることがわかる（図12）。

　LCにおいては炭素含有量が高い場合に，小さな円形照射を使用して施工すると，急冷によりガスが被膜内に残留する問題が発生することがある。LCの施工環境で広く条件の違いを許容できる組成を調整するために炭素

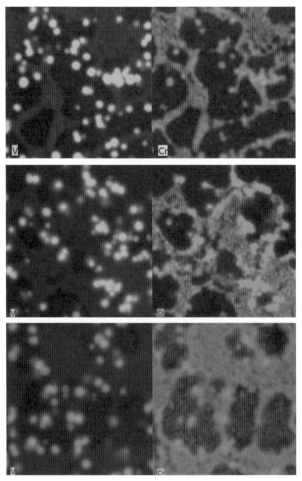

図10　Rockit706盛金後(上)焼入れ後(中)焼き戻し後(下)

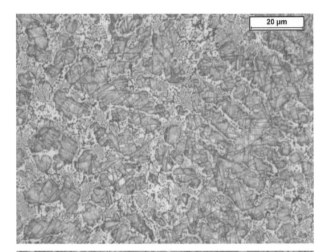

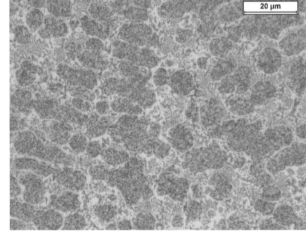

図11　Rockit706LOM画像　盛金後(上),700℃・1時間保持空冷後(下)

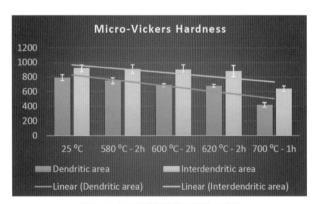

図12　Rokit706熱処理後の相別ミクロ硬さ

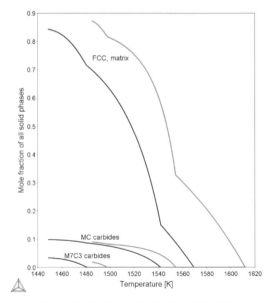

図13　2.0wt.% C(グレー)と2.6wt.% C(黒)の比較

量を振って調査をした。706において炭素量はVと比較して多くあり，炭素量を減らしても組織の形成に大きな影響はでない。Vは炭素との結合に敏感であり殆どのVは炭素と結合しMC炭化物となる。図13の計算状態図は2.6%から2%に炭素量を減らした場合のMC炭化物の減少量を示しているが，炭化物の減少はM7C3方がより顕著になっていることがわかる。

LCにて6.3mmの円形照射においてRockit606は良好な溶接性と気孔の無い被膜を作ることができた（図

14）。被膜の硬度は同等であり，摩滅量ではPTAの Rockit706より劣る結果となっている。また，Rockit606をPTAで施工した場合は硬度が下がることから，PTAにおいてはRockit706の方が有効であることが分かった。

ASTM G65Aの評価結果を表3と図15，16に表す。Rockit706はG65Aの試験条件において十分な耐摩耗性を備えているが，MMCの被膜と比較した場合は依然MMCの方が良好な結果を示している。

PTAにて用意されたRockit706とMMCとの衝撃摩耗試験の結果を表4に示す。衝撃摩耗試験はInnoTech Alberta Inc.のロータリ衝撃試験法（図17）によって実施された。試験ではチェーンの先にボールベアリング

のハンマーヘッドを装着し，回転が144+/-1RPMになるようモータをセットする。この速度で与える計算上の衝撃エナジーはおよそ8J前後となる。最初の1分間条件出しとして回転させ，試験片の重量を測定する。条件出し時点での減量は摩滅量としてはカウントされない。再度試験片を取り付け試験は24分間もしくは試験片が破損するまでおこなわれる。その間3分毎に試験片は取り出され摩滅量が測定される。なお試験片は加工後の表面のままで使用することとなっており，表面の状態によって試験結果が左右される。したがって，試験結果は金属組織による影響の比較ではなく，施工条件の影響を受けるものとなっている。

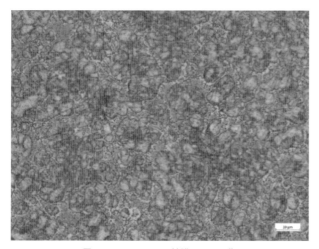

図14　Rockit606 LC被膜のLOM画像

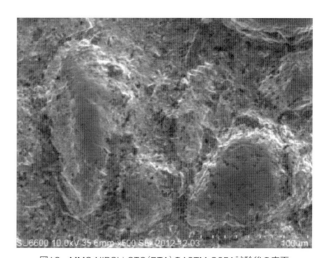

図16　MMC NiBSi＋CTC（PTA）のASTM G65A試験後の表面 100μm以上のCTC紛が耐摩耗性を維持している

表3　Rockit706およびRockit606ほかの硬度と摩耗量

	ASTM G65 A（mm³）	Hardness（HRC）
Rockit706（PTA）	14	65
Rockit606（LC）	24	65（62 HRC,PTA）
M2（PTA）	58	63
A11（PTA）	17	62
MMC NiBSi+60%CTC（PTA）	7	

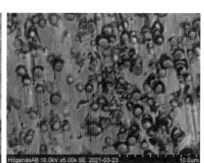

図12　Rokit706熱処理後の相別ミクロ硬さ

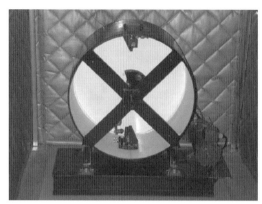
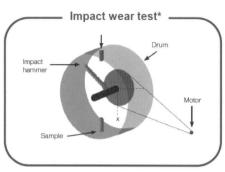

図17　ロータリ衝撃試験図

表4　衝撃試験結果

材料	減量（g）
MMC NiBSi＋60%CTC	1.6
MMC NiBSi＋60%球状化CTC	0.2
Rockit706	0.003

各3個の試験片にて3分毎×8回計測した摩滅量の平均値をとり,その3個の平均値を採用

図18　MMC被膜の衝撃破損（左）とRockit706の衝撃破損（右）

4　まとめ

　熱力学計算と実験作業を組み合わせることで，PTA と LC に最適化された2つの鉄ベースの合金を開発した。Rockit 706 は 65 HRC の硬度と ASTM G65 にて 14 mm³ の摩耗損失を示し，一定の熱処理温度まで，硬度と摩耗性能に関して高い安定性を示している。Rockit 606 は比較的小さな照射径を前提としたレーザークラッディングに最適化された合金である。

　どちらの合金も施工条件の変動因子に対して許容幅が大きく，MMC と比較した場合に高い衝撃耐性をもっている。

参 考 文 献

1）Robert Frykholm, Barbara Maroli, Karin Frisk : Hoganas AB, Utilizing Computational Materials Design in the Development of Iron-Base Alloys for Hardfacing.

2）Senad Dizer, Barbara Maroli : Hoganas AB, Abrasive wear resistance of thermal surfacing materials for soil tillage application.

3）InnoTech Alberta Inc. : Standard Test Method for Measuring Overly Resistance to Repeated Impact Using a Rotary Impact Apparatus.

高機能セラミック溶射皮膜が成膜できる プラズマ溶射用ガス

吉田　佳史

岩谷産業㈱ 中央研究所

1　はじめに

スイスの Dr. M. U. Schoop が 1910 年ごろに発明した溶射技術[1]は、構造物の防錆表面処理などさまざまな分野で表面改質の一つの手法として用いられている。代表例として皇居二重橋や関門海峡大橋などの橋梁がある。当社はこの分野に対し戦前より燃料ガスとしてアセチレン、およびアセチレン原料となるカーバイド、石油系ガス プロパンを長年供給してきた。

また、1970 年代より日本国内で発展してきた半導体分野において、耐腐食を求められる半導体製造装置でも表面改質のために溶射が用いられることが多く、プラズマ溶射などはドライエッチング装置の接ガス部に表面処理方法として用いられていることが多い。

プラズマ溶射は放電プラズマなどで溶融した金属、セラミック粒子を基材上に吹付けて皮膜を形成する技術であり、この溶射法にとって溶融粒子の温度や速度は、皮膜の耐食性、耐磨耗性などに影響を与えるが、ガスの組成に関する研究例はほとんど見当たらない。

溶射業界に対してガスを介して関わりが深い当社では、溶射皮膜の成膜にはガスは重要なパラメータであると考え、例えば水素を添加した混合ガスをプラズマ溶射時にアシストガスとして使用してセラミック溶射皮膜の成膜をおこない、溶射皮膜の気孔率を含めた特性の比較をおこなった。その結果を示し、もっとも良好であったガスの組成を中心に説明したい。

2　ガスの物性

溶射には不活性ガスを中心にさまざまなガスが用いられている。その代表的な 5 つのガスの種類、および性状を下記表 1 に示す。

窒素、アルゴンは空気より製造され、極論になるが原価は無いとみなせる。しかしながらユーザーにガスを供給する際、原料を精製する工程にて費用が発生する。その代表例が精留塔を用いた深冷分離工程である。深冷分離は空気を構成している窒素、アルゴンを沸点の差を用いて分離する工程で、熱交換機能が改善された昨今でも、各ガスの沸点まで冷却するには非常に大きな電力を要する。空気より製造されるガスは、この深冷分離工程が製造コストの大半を占める。

また、ボンベなどの圧縮ガスの場合は充てん作業でガスを圧縮するためのエネルギーを費やすため、製造コストが増加する。エネルギー自給率が約 11.8 %[2] 程度である日本では、電力コストが海外に比べ総じて高く、窒素・アルゴンの価格は海外に比べ高い傾向を示す。

水素は窒素、アルゴンと異なり苛性ソーダ製造時の副生成物、メタノール分解、天然ガスのクラッキングで気体として生成される。水素発生装置の代表例として、天

表1　各ガスの性状

名称	化学式	分子量	ガス密度 kg/m³ (0℃,1atm)	比重(空気=1) (0℃,1atm)	沸点℃ (1atm)	爆発限界vol% (空気中)	許容濃度 ppm	性質
窒素	N_2	28.01	1.2505	0.9674	−195.8	−	−	−
アルゴン	Ar	39.94	1.7839	1.379	−185.8	−	−	−
水素	H_2	2.02	0.00898	0.0695	−252.8	4.1〜74.2	−	可燃性
ヘリウム	He	4.003	0.1785	0.1381	−268.9	−	−	−
アンモニア	NH_3	17.03	0.7708	0.59	0.674	15.5〜27	25	可・毒

然ガスのクラッキングによる水素発生装置写真を図1に示す。

水素は弱電業界を中心に以前から圧縮水素の形で使用されている。しかしながら昨今の水素の使用量の拡大により，輸送コストを考慮すると，液化させ，体積を約1/800とした方が安価になる場合もあるため，液化水素が使用される場面も多い。

プラズマ溶射においては現行の使用量では圧縮水素の方が安価なコストであるが，液化水素が水素自動車のために大量に製造され普及すると，大量に水素を消費する場合，液化水素の方が安価になるタイミングが必ず来る。その際には溶射業界に対する水素ガスの供給形態も圧縮水素から液化水素に変化すると予想できる。

ヘリウムは地球上では特定の天然ガス田に含まれ，日本においてはすべてが輸入に頼らなければならないガスである。一部の物性で水素によく似た点をもち，不活性ガスであるためプラズマ溶射においても非常に使いやすい特徴をもつ。輸入に頼らなければならないガスであるが，ほかの気体にない特性をもつため，価格が高騰する場面がある。今後，世界的な産業の高度化，MRIなどを使用する医療の高度化が進むことにより，ヘリウムは新規のガス田から安定供給がない限り，ガス会社として供給が困難な状況になるのは容易に想像できる。従来ヘリウムを使用している分野では，回収，再生もしくは代替ガスの準備を常に考えておかなければならない。

最後にアンモニアだが，プラズマ中に窒素と水素に分離して特定の性能を示すのが期待される。また，製造方法も100年前から続くハーバー・ボッシュ法で「空気からパンを作る」[4] と評されるぐらい安定して製造されている。

アンモニア燃焼など昨今着目されているガスだが，このガスを溶射で用いる場合は可燃性であり毒性をもつガスであるという認識が必須である。

爆発限界は水素に比べて狭いが，許容濃度は25ppmで毒性が強く，また水に溶けやすいため水分を多く有する粘膜部分に触れると水酸化アンモニウムと熱が生成され，その熱で人体にダメージが与える。アンモニアをプラズマ溶射で用いた研究論文[5] が発表されているが，ガス供給会社の立場から使用者は毒性の部分への対策を万全にして試験に臨んでいただくことを願う。

3　アシストガス種の溶射皮膜品質に与える影響

3.1　供試材料および実験装置

プラズマ溶射は一般にアルゴンガスとアシストガスを使用して安定なプラズマジェットを発生させ，ジェット中に溶射材（粉末）が供給されるとプラズマジェットによって溶融されて基材に吹き付けられる。それゆえ装置としては（1）電源（2）制御装置（電源およびプラズマガス）（3）プラズマガン（4）粉末供給装置（5）冷却装置が必要である。

図2は本研究に使用したプラズマ溶射装置の構成図を示したものである。プラズマを長時間安定して発生させてすぐれた溶射皮膜を得るためには，とくに溶射ガンの構造に留意する必要がある。今回は溶射ガンにはPraxair社製SG-100を用いた。なお，同溶射ガンは産業用ロボットに取り付け，すべての溶射において同一の動きで施工できるようにプログラミングを実施した。

図3は一般的なプラズマ溶射ガン[3] の概要を示したもので，ガンは水冷されアノード－カソード電極間にガスを導入し，導入されたガスに通電することでプラズマジェットが形成される。プラズマのスタータは高周波によっておこなわれる。一方プラズマジェットへの粉末の

図1　水素発生装置(㈱ハイドロエッジ提供)

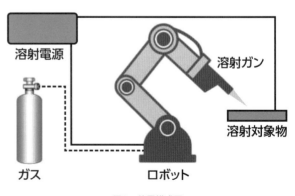

図2　装置構成図

溶射電源　溶射ガン　溶射対象物　ガス　ロボット

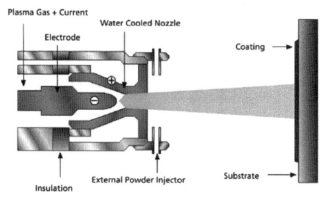

図3 溶射ガン概要

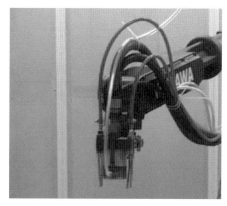

図4 溶射ガン外観

表2 アルミナ粉体

純度 (%)	不純物(%)			粒度 (μm)
	SiO₂	Na₂O	Fe₂O₃	
99≦	0.02	0.02	0.01	45~53

表3 アルミナ-40%チタニア粉体

純度 (%)	不純物(%)			粒度 (μm)
	SiO₂	Na₂O	Fe₂O₃	
99≦	0.02	0.02	0.01	45~53

表4 アシストガス種類

ガス種	純度 (%)	不純物						JIS規格
		N₂ (ppm)	O₂ (ppm)	CO (ppm)	CO₂ (ppm)	THC (ppm)	露点 (℃)	
Ar	99.995≦	40≧	10≧	–	–	–	−60≧	K 1105:2017 2級相当
He	99.995≦	3≧	10≧	1≧	1≧	1≧	−65≧	Z 3253:2011 I2相当
N₂+5%H₂	99.9≦	–	–	–	–	–	40ppm≧	Z 3253:2011 N4相当

投入位置および投入角度は溶射材によって決定される。図4に溶射ガンの外観を示す。

今回の溶射試験で用いたセラミック粉体としてアルミナ，およびアルミナ－40％チタニアを選択した。その粉体の詳細を表2および表3に示す。

3.2　プラズマ溶射用アシストガス

プラズマ溶射用アシストガスとして表4記載の単体ガス，および混合ガスを用いた。なお，プラズマ発生用ガスとしてはAr（JIS K 1105:2017 2級相当）を用いた。従来の溶射工程ではアルゴン，もしくは高価で今後入手が困難になると思われるヘリウムを用いる場合がある。今回の試験ではヘリウムと窒素に少量の水素を添加した混合ガスの2種類のアシストガスで溶射をおこない，アシストガスの種類による溶射皮膜への影響を確認した。

溶射対象の母材はSUS304 5mm×5mm×t1.2を用い，片面をサンドブラストで粗面化処理をおこなった。

3.3　溶射条件

セラミック溶射皮膜を形成させるために下記表5記載の電流・電圧条件でプラズマ溶射を実施した。

また，その際のアシストガス，および粉体供給条件を下記表6に示す。

3.4　溶射結果

アシストガスの種類による溶射皮膜への影響を確認するために表5および表6の条件を用い，プラズマ溶射で形成された皮膜の膜厚を示した結果を表7に示す。

アルミナ－40％チタニアの溶射皮膜をプラズマ溶射で形成させる場合，溶射用のアシストガス流量は，ヘリウムに比べN₂-5%H₂混合ガスは1/3程度の流量で同程度の厚さの皮膜を形成することができた。ただし，さらに膜厚を得ようと溶射回数を増すとアルミナ－40％チタニア粉体が溶融再凝固し形成されたと思われる析出物

表5 溶射条件(電力)

No.	粉体	電流 (A)	電圧 (V)	電力 (kW)
1	$Al_2O_3 \cdot 40\%TiO_2$	754	36	27.1
2	$Al_2O_3 \cdot 40\%TiO_2$	620	48	29.8
3	$Al_2O_3 \cdot 40\%TiO_2$	584	50	29.2
4	Al_2O_3	853	34	29.0
5	Al_2O_3	844	34	28.7
6	Al_2O_3	855	46	39.3
7	Al_2O_3	599	46	27.6

表6 溶射条件(ガス,粉体供給,施工条件)

No.	粉体	供給圧 (MPa)	流量 (NLPM)	粉体供給モーター速度 (rpm)	溶射距離 (mm)	溶射回数 (Pass)
1	He	0.56	15	2.3	130	10
2	N_2-5%H_2	0.53	5	2.3	130	10
3	N_2-5%H_2	0.53	5	2.3	130	16
4	He	0.45	14.9	3.1	100	20
5	He	0.45	14.9	3.1	80	20
6	N_2-5%H_2	0.44	9.8	3.1	80	20
7	N_2-5%H_2	0.44	9.8	3.1	80	20

表7 溶射結果

No.	ガス種	粉体	膜厚 (μm)	備考
1	He	$Al_2O_3 \cdot 40\%TiO_2$	200	
2	N_2-5%H_2	$Al_2O_3 \cdot 40\%TiO_2$	210	
3	N_2-5%H_2	$Al_2O_3 \cdot 40\%TiO_2$	210	溶射ノズルより析出物発生
4	He	Al_2O_3	130	
5	He	Al_2O_3	170	
6	N_2-5%H_2	Al_2O_3	160	
7	N_2-5%H_2	Al_2O_3	100	

が溶射ガン粉体吐出口に確認できた。

アルミナ粉体に関しては,同一条件ではほぼ同等の膜厚の溶射皮膜が形成された。また,溶射時の電力のみを低減させプラズマ溶射を実施したが,膜厚は薄くなったが,溶射皮膜は形成された。

図5〜10に各条件における代表サンプルの溶射皮膜表面および断面の拡大写真を掲載する。

同写真より,N_2-5%H_2混合ガスをアシストガスとして用いた場合,Heと同等のち密さを有する溶射皮膜が形成できることが確認できた。

4 まとめ

プラズマ溶射法でN_2-5%H_2混合ガスを用いてアルミナおよびアルミナ−40%チタニア溶射皮膜を形成した結果,従来のHeをアシストガスとして用いた場合と同等厚さの溶射皮膜を形成することができた。また,N_2-5%H_2混合ガスをアシストガスとして用いた溶射皮膜の品質は,断面,および表面拡大写真よりHeをアシストガスとして用いた溶射皮膜と同等の品質が確認できた。

また，アルミナー40%チタニアに関しては，プラズマ溶射で溶射皮膜を形成する場合，従来のHeをアシストガスとして用いた場合に比べ1/3程度のアシストガス流量で同等性能の溶射皮膜が形成できることが確認できた。

5 おわりに

アシストガスに混合ガスを用いることにより，溶射皮膜の特性が変更できることは今後の溶射の工程において品質を制御するための一つのファクターになりうると思われる。

図5　No.1 溶射皮膜断面

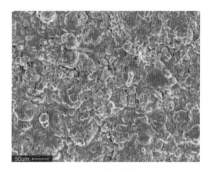

図6　No.1 溶射皮膜表面

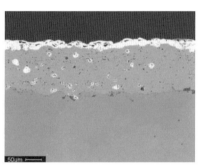

図7　No.2 溶射皮膜断面

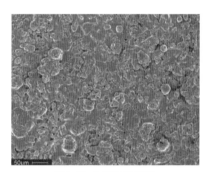

図8　No.2 溶射皮膜表面

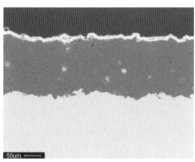

図9　No.5 溶射皮膜断面

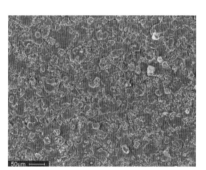

図10　No.5 溶射被膜表面

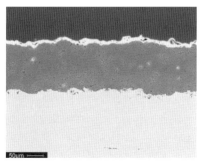

図11　No.6 溶射皮膜断面

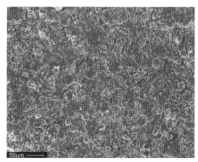

図12　No.6 溶射被膜表面

また，高価なガスではなく安価なガスの組み合わせで従来と同等の品質が得られる溶射法は市場における競争力を得るには重要なポイントと考えられる。

高価なガスの代表例であるヘリウムは特定の天然ガス田からのみ採取が可能な希少なガスで，また今後超伝導分野（MRI，リニア），半導体分野（シリコンウェハー），レーザ分野（ファイバレーザ；光ファイバ）の各市場が世界的に拡大することは容易に予測できるため，ますますヘリウムを用いた溶射は困難になると思われる。

今回はプラズマ溶射で混合ガスを用いた溶射法を提案したが，今後のさまざまな溶射法に対しても従来のガスの代替ガスを検討していきたいと思う。

謝辞

今回の実験に関して溶射皮膜品質の確認に対してご協力いただいた（地独）大阪産業技術研究所の足立主任研究員，および溶射施工および評価にご協力いただいたアルバックテクノ㈱の門脇課長に感謝いたします。

参 考 文 献

1) 特集 Ⅱ.4.2 溶接・接合および関連機器　溶射, 溶接学会誌, Vol79,No.5. p70-72,2010
2) エネルギーに関する年次報告, 資源エネルギー庁, p108, 2020
3) プラズマ溶射の新しい展開, 溶接学会誌, Vol75,No.8. p12-16,2006
4) アンモニア工業的製法, 化学と教育, Vol66,No.11. p528-531,2018
5) 窒素・水素混合ガスおよびアンモニアを用いた超音速プラズマジェットのプラズマ状態とチタン基材の窒化特性
溶射 : journal of Japan Thermal Spraying Society Vol42,No1. p6-11, 2005

溶射業界
あの日あのとき
1941年

銅版の耐熱を高めるため，耐酸化防止のために，アルミニュウムメタリコンが実用化された。

特集2

創業70周年を迎えたトーカロ

　表面改質の総合メーカー・トーカロ㈱（本社・神戸市中央区，三船法行社長）が今年，創業70周年を迎えた。1951年，東洋カロライジング工業としてスタートした同社は，1958年より本格的に溶射事業に参入。今や表面改質加工のリーディングカンパニーとして「世界のトーカロ」へと大きく飛躍した。「世界的レベルのジョブショップ」を標榜し，常にチャレンジ精神で新たな市場の開拓者であり続ける70年のあゆみは同社の発展のみならず，溶射業界全体の発展に貢献してきたと言っても過言ではない。節目の年を迎え，「これからもコーティングサービスを通じて人と自然の豊かな未来に貢献する企業を目指す」という同社は，次代に向けて新たな一歩を踏み出した。

　特集では，同社70年のあゆみを振り返るとともに，今後の取り組みや方向性などを紹介する。

先進の表面改質技術であらゆる産業のニーズに対応する溶射業界のリーディングカンパニー

編集部

　表面改質の総合メーカー・トーカロ㈱（本社・神戸市中央区，三船法行社長）が7月1日，創業70周年を迎えた。同社は1951年の創業以来，溶射を核とした表面処理加工の専業メーカーとして常に研究開発に軸足を置き，新たな市場の開拓やアプリケーション開発で溶射の可能性を見出し，業界をけん引。鉄鋼をはじめ，電力，自動車，産業機械等の基幹産業から半導体・FPD（フラットパネルディスプレイ），宇宙開発，先端医療分野に至るまで，あらゆる分野に各種高機能皮膜やコーティングサービスを提供し続ける。「町工場の特徴を残しつつ，世界に通用する技術力が最大の強み」と言う三船社長は，70周年を機に「皆がトーカロ社員としての誇りを持ち，『BE TOCALO』（トーカロの魅力は人である）を共有し，世界に通用する人材を育てることで，これからもコーティングサービスを通じて人と自然の豊かな未来に貢献する企業を目指す」と新たな出発を誓う。

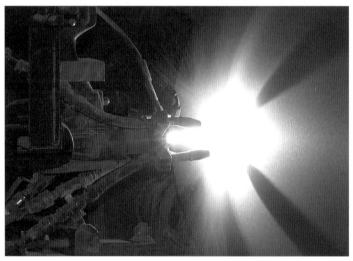

▲大気プラズマ溶射

◆新しい形で70周年を祝う

■『BE TOCALO』のもと，目指すは『人と自然の豊かな未来に貢献する会社』

　創立記念日の翌日，7月2日にトーカロは70周年記念イベントを開催した。当初，社員らが一堂に集い盛大な記念祝賀会を企画していたが，世界的に感染拡大が進む新型コロナウイルスの影響で，社員らの安全を第一に考え3密防止の観点から式典形式のイベントを断念。それでも「トーカロらしい和やかで，思い出に残ることを…」と，黒木信之専務をトップとする70周年記念事業実行委員会メンバーらが検討を重ね，初めて本社と全事業所とをWEBで結んだリモートイベントを敢行。新しい形の周年行事で70周年を祝った。

神戸市内の本社3F会議室をキーステーションに，明石の溶射技術開発研究所や東京工場，宮城技術サービスセンター，名古屋工場など各拠点をイントラネットで繋ぎ，リアルタイムに映像を配信。地元神戸のFM局・KissFMの人気ディスクジョッキー・ターザン山下さんの軽妙な司会のもと，クイズ大会や大抽選会，表彰など，ネットを介した全員参加型のイベントで楽しい時間を共有した。本社3F会議室内にはさまざまな放映用機材が持ち込まれ，専門スタッフらがスタンバイ。特設ステージと数々の豪華景品が並ぶ光景は，さながらテレビのスタジオセットを再現したかのようで，いつもの会議室とは異なる雰囲気を醸し出す。午後1時，オープニング映像が流れる中，初めてのライブイベントがスタートした。

冒頭挨拶にたった実行委員長の黒木専務は，「70歳の誕生日，おめでとうございます。2年前から実行委員会メンバーで検討を重ねてきたが，コロナ禍で当初の計画から変更も余儀なくされた。ただ『みんなで楽しみ，明日につながるイベント』をコンセプトに意見やアイデアを出し合い，初めてオンラインでのイベント開催となった。当社はこの70年間，さまざまな経験と新たな挑戦を重ねてきた。37兆個あると言われる人間の細胞も一部を除き，1日から3年間で入れ替わるそうで，言い換えれば，人は日々少しずつ生まれ変わり成長している。当社も同じで，日々経験を積み重ね成長している。世の中が大きく変わろうとしている今，お客様も市場もどんどん変わっていくだろう。しかし，どんな時代になろうとも表面に関わる問題はついてまわる。これまでの歴史の糸を紡いでいただいた先輩方の足跡に想いを馳せ感謝しつつ，トーカロ社員として新しい細胞を生み出し，明日からまた新たな歴史を刻んでいきましょう。そのためにも今日は大いに楽しんでください。そして，隣の人の思わぬ才能に気付いてください」と開会を宣言した。

趣向を凝らしたさまざまなコンテンツをラインナップした今回のイベント。オープニングの4択早押しクイズでは，「一番多い社員の苗字は？」や「明石トーカロ球場のネーミングライツは何時から？」「国内拠点で最も高い標高に位置する事業所は？」など，トーカロ関係者だけが知り得るマニアックな奇問・珍問に，自然に笑みがこぼれ空気が和む。出題される20のクエスチョンは身近なものだけに解りそうで解らない。しかも正確かつ速さが求められる回答は，年長者や上司だからといって勝てるものではなく，皆平等にチャンスがある。だから，こぞって参加する。

クイズのほか，社員らから寄せられたLINEスタンプや写真・似顔絵コンテストの作品紹介や，事業所が推薦する「がんばっている人」表彰など，各コンテンツは全社員が楽しく参加でき，また人をクローズアップすることで『一人ひとりが主人公』というコンセプトを見事に演出。写真や似顔絵コンテストではプロ顔負けの秀作が揃い，中には三船社長をモデルに缶コーヒーのロゴマーク風に表現したユーモア溢れる傑作もあり，各人の隠れた才能が披露された。しかも画像や動画には本人や作品だけでなく随所に子供や家族らも登場するなど，各コンテンツはトーカロという企業の温かさやアットホーム感が十分伝わる内容となっていた。

一方，表面改質企業ならではの企画として「滑る表面コンテスト」「滑らない表面コンテスト」「ジャンプ競技」という3種目の競技会も実施。エントリーした各チームがそれぞれで作製した皮膜板を滑り台に見立て傾斜角度を変えながら，対象物の滑り易さや滑りにくさ，飛行距離などを計測し競い合った。画面に映し出される選手たちの表情や仕草に，"皮膜のプロ"としての意地と遊び心，そして情熱が読み取れ，白熱の戦いは大いに盛り上がった。

イベント半ばには，トーカロ中興の祖である中平晃氏

▲黒木専務

▲似顔絵コンテスト

もビデオメッセージで登場し，変わらぬ矍鑠とした口調で「100社できたら2年以内に90がつぶれるという時代に70年間も社業が続いているのは奇跡的。それは天の運，地の運，時の運だけでなく，何よりも社員皆さんの努力と情熱の賜物」と感謝し，更なる飛躍を期待し，エールを送った。

この後も社歌を謳うシンガーソングライター・小坂明子さんのお祝いメッセージや，大抽選大会・クイズ大会の結果発表に一喜一憂する社員らの姿がリアルタイムに映し出されるなど，リモートイベントという新しい試みは互いの距離間を縮め，一体感をもたらした。

最後に三船社長が「コロナ禍，全員が一堂に介することができず，初めてWEBで開催したが，関係者・参加者のお蔭で素晴らしいイベントとなった。全ての方々に感謝する。中平晃さんの言葉にあるように発足から70年も継続し，しかも再上場するような企業は多くない。当社にとって，まさに激動の70年間と言え，長きにわたって当社を支え，奮闘されてきた先輩諸氏，社員の皆さんに敬意を表する」と挨拶。言葉を次いで，「神戸にはBE KOBEというモニュメントがある。阪神淡路大震災から20年をきっかけに2017年に作られたものだが，『人のために力を尽くす — 神戸の魅力は人である —』という想いが込められ，新しいことに挑もうとする人や気持ちを愛する，そんな神戸を誇りに思うメッセージとして親しまれている。当社も同様で，最大の魅力は社員の皆さんであり，『BE TOCALO』だ。阪神淡路大震災，海外からの買収騒動やリーマン・ショック，東日本大震災など，数々の苦しみも強い絆で乗り越えてきた。これからも一丸となって難題に立ち向かい邁進しよう」と呼びかけた。

さらに「『BE TOCALO』のもと，当社はこれからも『人と自然の豊かな未来に貢献する会社』を目指す。我々の コーティングサービスが地球環境や社会を守り，人々の豊かな暮らしを実現する技術開発に携わっているのだという自負と誇りを持ち，100年企業に向けともに歩んでいこう」と締めくくり，更なる躍進を誓った。

■チャレンジ精神で『世界レベルのジョブショップ』を標榜し続けた70年

トーカロは1951年，資本金100万円・社長以下10名の『東洋カロライジング工業』として創業した。日本が終戦から復興に本格的に動き始めたこの年，前年に勃発した朝鮮戦争を背景に，いみじくも日本には軍需景気が起こり，多くの企業が再生に向け始動した。同時に志を持った起業家たちによって新生・日本の礎が築かれていった。

創業者の中平元俊氏もまた熱い情熱をもった起業家の1人で，熱処理によるカロライジング耐熱加工を本業とする，小さな石炭焚きの炉1基を持つ零細町工場が出発点となった。当時を知る元相談役の中平晃氏は，以前，本誌インタビューで「設立して間もない頃，大不況の中で新工場を新築したが台風で倒壊し大きなダメージを被ったことや，そのどん底の中から新しく開発し復活に大きく貢献した平炉用ランスパイプが，その後の製鋼法の技術革新で需要が消滅するなど，様々な苦難を経験した」と回顧している。

同社が本格的に溶射事業に参入したのは1958年から。当時すでに日本にはメタリコン企業はあったものの，欧米型ジョブショップは存在していなかった。同社は発足時から常に「世界的レベルのジョブショップ」を標榜し事業を展開。欧米の有力ジョブショップや装置・材料メーカーと積極的に交流を深め，「日本では得られない世界的水準の知識を次第に身につけ，ベンチャー精神を持って日本の溶射市場の開拓を始めた」ことが，後の『溶射のトーカロ』への大きな布石となり，同時にその考え方

▲ビデオメッセージの中平晃氏　　　　　　▲東洋カロライジング工業時代の工場内風景

▲ITSC2009 溶射殿堂入り授賞式

▲東華隆開所式

や指針は現在へと脈々と受け継がれている。

　この後も積極的に全国各地に工場を拡張し最新鋭設備を導入していった同社は，企業体制の強化・充実を図ることで溶射のリーディングカンパニーとしての地位を盤石なものとした。創立30周年を迎えた1981年には現社名の「トーカロ株式会社」に変更し，1985年からは現在のグローバル戦略の布石となる海外企業への技術供与も開始。さらに1990年には，それまでの商品開発部を「溶射技術開発研究所」に改組，研究開発型企業としての企業方針を明確に打ち出した。

　一方，1996年には株式を店頭公開し資本金7億9,514万円の企業へと成長，同時にそれまで鉄鋼依存が高かった企業体質を脱却し，さまざまな産業界との取引を通じバランスのとれた企業体質へと改革を進めた。この間には阪神淡路大震災やバブル経済の崩壊による業績の低迷はあったものの，1業種に頼らない需要構造が奏功し，総じて同社は右肩上がりの業績を残し，順調に業容を拡大させていった。

■更なる成長へ大転換期を迎えた2001年

　そして創立50周年を迎えた2001年。この年は同社にとって大きな転換期となる。長年の目標であった「売上高100億円・経常利益10億円」を達成，当時の中平晃社長の言葉を借りれば「何事もなければ，すべてにおいて"ハッピー"」であった。しかし，急成長する日本の技術開発型企業に対し，欧州の重機械メーカーがグループ傘下に収めるべく買収攻勢を仕掛けてきた。これをきっかけに，同社は対抗策として投資会社と協力してMBOを実施。新生・トーカロを誕生させ店頭登録を廃止したうえで，『5年以内の再公開を目指す』という，当初計画を見事に実現した。非上場後は投資会社が株式の過半数を保有していたが，再上場時には，同社経営陣と従業員が合わせて約1/3を占める大株主となった。株

主構成を再構築するスキームは，同社の希望を投資会社が戦略化することで実現したのだ。当時，中平晃氏は「当社株式が再公開された時にはじめてこのMBO構想が成功したと言える。新生・トーカロはもう一度，創業時の精神に立ち返り，社員一丸となって"チャレンジ精神"のもと邁進していく」と語ったが，その言葉どおり，僅か2年後の2003年には東証2部に再上場し，2005年には東証1部上場を果たした。

　三船社長もこのMBOが70年の歴史の中で，印象深い出来事の1つだという。2001年当時，研究職からマネジメントの一端を担う北九州工場長に就いたばかりだった三船社長は「当時の経営陣が『会社を売れば従業員はバラバラになり守ることができない。全体を存続してこそ，トーカロだ』との覚悟で挑んだMBOはまさに乾坤一擲の英断であり，従業員の1人として経験させてもらったことを嬉しく思う」と語る。

　一方で現在，同社売上高の47％を占める半導体・FPD製造装置関連事業が本格化したものちょうど2000年に入ってからだ。この分野が以後の同社業績をけん引した要因の1つであることは間違いなく，この20年間で売上高は約4倍，経常利益も約6倍という急成長の原動力となった。長年にわたり研究開発や試作を地道に続けてきた半導体・FPD分野が2000年頃を境に一気に開花し，瞬く間に同社の主力事業へと育った。

　ITバブルの崩壊やリーマン・ショック，シリコンサイクルの影響なども経験したが，それでもこの20年間，順調に成長曲線を描き続けるトーカロ。2004年には自動車関連部品を中心にPVD処理の表面改質加工を行う日本コーティングセンター（JCC）をグループ傘下に収めるとともに，同社初の海外製造拠点として鉄鋼関連製品を手懸ける東華隆（広州）表面改質技術有限公司を設立し（2005年），本格的なグローバル戦略も明確に打ち出した。さらに2008年には名古屋工場で航空宇宙品質

マネジメントシステム JISQ9100 認証や Nadcap 認証を取得するなど，新市場の創生に向け積極姿勢で臨んだ。2013 年に社長に就いた三船社長も「将来を担う良い人材を集め，育てるためにも従来の"溶射"のイメージを変えていかなければならない」と語り，社内制度の見直しや研究開発体制の整備，各製造拠点の強化・充実を精力的に進める。

国内 6 工場のリニューアル・増設や本社移転（2017 年）を推進し，今年度は東京工場内に 3 つ目の工場棟を完成させ，また明石播磨工場への設備導入など，半導体分野向けの増産体制を強化。半導体分野向け以外でも水島新工場や JCC 名古屋新工場を完成させた。「ますます高度化する半導体分野向けのニーズに応えるべく，当社はこれからも新皮膜の開発と生産体制の強化・充実を図る。同時に全天候型開発企業としてさまざまな市場での用途開発を加速させ，新たな市場開拓に注力していく」とし，「将来を見据えた先行研究，ニーズに即した技術開発を進め，技術・製造・販売と連携しながら，世の中になくてはならない技術・サービスの創出を目指していく」と力強く語る。

■半導体・FPD 関連分野を核に過去最高業績を目指す

溶射ジョブショップとして国内シェア約 45％強を誇る同社は，国内には東京・名古屋・神戸・明石・水島・北九州の 6 工場と宮城技術サービスセンターおよび JCC を，海外では中国（2 社）と米国，台湾に連結子会社，インドネシアとタイに非連結子会社・関係会社を有し，地域に密着した事業を展開する。

2021 年 3 月期の連結売上高は前期比 3.1％増の 390 億 7,300 万円・経常利益 89 億 1,400 万円を計上。売上構成は溶射加工（単体）が 77％（半導体・FPD47％，エネルギー，ベアリングなど産業機械 10％，鉄鋼 8％，プラント，製紙などその他 12％），その他の表面処理加工（TD／ZAC／PTA）が 5％，子会社が 18％（国内 5％，海外 12％）となっている。

「海外はすべて溶射で，その他表面加工と国内子会社が溶射以外の表面改質である。したがって，溶射が売上げの 90％を占める。その中で半導体・FPD の構成比率は前期から 10 ポイント上昇し増収に貢献した」という。2022 年 3 月期についても，コロナ禍の収束が見えない

▲レーザクラッディングの模様

▲PTAプロセス

▲TDプロセス

▲展望を語る三船社長

トーカロの成長戦略
＝
新商品の開発 及び 新市場の創出

ターゲット市場の5本柱
1. **半導体・FPD**
2. **環境・エネルギー**
3. **新素材**
   高機能鉄鋼材料，
   高機能フィルム，紙／不織布 etc.
4. **輸送機**
   高速鉄道，航空機 etc.
5. **医療**

継続成長のためのアクション
① **収益源の多角化**
   ☆半導体・FPD分野での
   　次世代皮膜の技術開発＆市場拡大
   ☆環境・エネルギー分野への注力
② **ウィズ・コロナ**
   ☆事業継続のためのリスク管理
   ☆生産性向上を目指した働き方改革
③ **グローバルな展開**

▲持続的成長の実現に向けて

ものの，テレワーク拡大や5G通信サービスの開始を背景に，引き続き半導体・FPD関連分野の伸長が予想されることから，最終的な連結売上高は410億円，経常利益90億円という過去最高の数字を見込む。

◆継承される，新技術開発と　新市場の創生

■「ESG」をキーワードに，事業領域拡大へ

　創業以来，同社は全天候型企業として鉄鋼，製紙，石油化学，樹脂，輸送機器，産業機械，エネルギーなどの基幹産業から，最先端の半導体，液晶，宇宙開発，医療分野などに至る広範囲な業種に，社是である「グッドサービス」を提供し続ける。このような中，三船社長は，成長戦略を練るうえでの「一丁目一番地」は「新技術開発ならびに新市場の創生だ」と強調する。

　「既存の競合市場に打って出るのではなく，自ら市場を切り拓く発想が重要。従業員数が単独で約700名でありながら，営業マンは約90名，その5割を技術系が占める。売上構成トップの半導体関係が最も多いかというとそうではなく，長年当社の基盤を担ってきた鉄鋼関係も依然多数を占める。当社はこれまで，依然世界最高の技術力を有する鉄鋼関係のパートナーとして育てられたという認識が強い。また製紙関係や石油化学関係などにも設備や装置の耐久性や信頼性の向上に努めてきた結果，当社技術の適用分野を広めることにつながった」とし，「技術は世界に通用する」との強みを自負したうえで，「世界に通用する人材を育てることが，今後の目標」と三船社長は語る。

　「多様性（ダイバーシティ）の概念は表面改質の分野にも影響を及ぼすだろう。女性や外国人の登用など，当社も多様化に対応可能な仕組みを構築することで次の世代へつながることができる。また若い世代には積極的に外へ目を向けてもらいたい。ただ，町工場の良さ，人と人との絆といった創業以来の当社の特徴を残していかなければならない」とも。

　加えて，「これからは環境（Environment）・社会（Social）・ガバナンス（Governance）の「ESG」がキーワードになるだろう。特に2050年のカーボンニュートラル社会実現に向け，例えば，発電設備へのメンテナンス技術の高度化，再生可能エネルギーや蓄電技術などが再び注目される中，溶射技術をはじめとした各種表面改質技術のマーケット拡大が期待される。私自身，溶射技術は常に新たな可能性を秘めた技術と自負しており，そういう意味では，70周年というアニバーサルイヤーの今年，当社にとって次の手を打ち，新たな事業領域を広げていくタイミング」と期待する。

　さらに「社内的にも『環境・CO$_2$削減』を意識した活動を積極的に進めることによって社会貢献していく。このようにESG戦略に基づき最終的にはSDGsに繋がっていく，というシナリオ・仕組みを構築し，将来的には，環境企業としても認めていただけるような企業像を目指していきたい。70周年を機に改めて『ニッチな世界でトップを担う，顧客に信頼される技術力』を旗印に，これからも製造設備・装置部品の耐久性向上や長寿命化を通して，省エネ・省資源に貢献できる表面改質技術を普及させることで，地球環境負荷低減に努める。同時に『溶射は面白い』と広く認識していただけるよう事業に邁進する」と言い，「皆がトーカロ社員としての誇りを持ち，『BE TOCALO』（トーカロの魅力は人である）を共有し，世界に通用する人材を育てることで，これからもコーティングサービスを通じて人と自然の豊かな未来に貢献する企業を目指す」と抱負を語る三船社長。その視線の先には確かな未来像が描かれているようだ。

事業所一覧

● 本社

● 溶射技術開発研究所

工場

● 東京工場 行田事業所

● 東京工場 鈴身事業所

● 宮城技術サービスセンター

● 名古屋工場

● 神戸工場

● 明石工場

● 明石播磨工場

● 水島工場

● 北九州工場

営業所

● 北関東営業所 ● 神奈川営業所 ● 山梨営業所 ● 静岡営業所

国内子会社

● 日本コーティングセンター株式会社

グローバルネットワーク

❶中国
- 東華隆(広州)表面改質技術有限公司
- 東賀隆(昆山)電子有限公司
- BAOSTEEL Engineering & Technology Group Co., Ltd.
- 和勝金属技術有限公司
- SMS Siemag Technology (Tianjin) Co., Ltd.

❻インドネシア
- PT.TOCALO SURFACE TECHNOLOGY INDONESIA

❷台湾
- 漢泰国際電子股份有限公司
- 漢泰科技股分有限公司

❼ドイツ
- Oerlikon Surface Solutions AG
- DUMA-BANDZINK GmbH
- SMS group GmbH

❹インド
- ATS Techno Pvt. ltd.

❸韓国
- 大新メタライジング株式会社
- TOPWINTECH Corp.

❺タイ
- NEIS & TOCALO (Thailand) Co., Ltd.

❽アメリカ
- TOCALO USA, Inc.
- NxEdge Inc.
- SMS Technical Services LLC.

トーカロ溶射技術開発研究所の取り組み

トーカロの技術開発力を支える，トーカロ溶射技術開発研究所
世界トップレベルの研究体制で，No.1 & only 1技術・サービスの創出を

トーカロ㈱の社是は"技術とアイデア"という言葉から始まる。既成概念にとらわれない自由なアイデアを形にする技術開発力，これこそがトーカロの原点と言えよう。溶射技術開発研究所はトーカロの技術開発を支える中心的な役割を担っており，将来を見据えた先行研究，顧客ニーズに即した商品開発を進め，技術・製造・販売と連携しながら，No.1 & only 1技術・サービスの創出を目指している。

R&Dビジョン

同研究所では経営方針に基づき，研究開発の基本方針を策定しており，①財務の視点②社会・顧客の視点③業務プロセスの視点④学習と成長の視点 ---- という4つの視点に基づき，研究開発テーマを推進し，組織や仕組をタイムリーに変化・成長させることで，業界No.1 & Only1の技術・サービスの創出を図る。

70期 技術開発の基本方針
Innovation by coating technology

No.1 & Only 1 技術・サービスの創出で世界をリード

次世代商品開発

- [1]財務の視点：顧客ニーズに対応する機能皮膜の開発
- [2]社会・顧客の視点：近未来技術の探索・検討
- [3]業務プロセスの視点：機能皮膜の創生と知財化推進
- [4]学習と成長の視点：学協会への参加・発表と情報収集

コア技術

溶射技術開発研究所には，研究開発テーマの企画立案，進捗管理，組織運営等をマネジメントする企画・管理グループを中心に，高い専門性を有する溶射技術や薄膜技術，部品化技術の開発グループがあり，これらのグループが相互連携を取りながらコーティング技術によるイノベーションを目指している。以下に同社コア技術の取り組みを紹介する。

■溶射技術

溶射プロセスはプラズマ溶射や高速フレーム溶射が主流であり，産業機械分野，環境・エネルギー分野，医療分野など様々な分野に実用化されている。現在，溶射プロセスの開発としては，溶射材料の微粒子化によるナノサイズの皮膜構造制御と，高速度化による皮膜の最緻化がトレンドとなっている。溶射現象を解析し，溶射中の飛行粒子の速度・温度のモニタリングや皮膜純度を向上させることにより，さらなるイノベーションを目指している。同研究所では「今後，溶射材料や溶射プロセス，溶射条件の最適化，その他技術との複合化などあらゆる技術選択肢の中から，顧客のニーズにマッチングした溶射皮膜開発を行っていく」という。

■薄膜技術

物理蒸着法(PVD)や化学蒸着法(CVD)に代表される薄膜技術は，成膜対象物の寸法精度の観点からプロセス処理温度の低下と耐久性の観点から厚膜化が大きなトレンドとなっている。すでにトーカロでは，産業用ガスタービンの圧縮機動翼部分にDLCコーティングを実用化し，高速回転体への耐摩耗，付着防止分野に適用されている。今後，イオン注入，ゾル・ゲル，あるいはDLCとめっきのハイブリットコーティングなど新しいプロセス開発を推進していく。

■部品化技術（半導体製造装置）

半導体の世界では微細化が進み，製造装置やその部品にはさらなる性能向上が必要とされている。また，三次元積層などの新しい半導体技術が開発され，これまでになかった新機能が要求されるようになっている。既にプラズマエッチング装置内には，チャンバーの耐久性を向上させるセラミックコーティングやウェーハを保持・固定する静電チャックの静電吸着機構に，トーカロの溶射皮膜が採用されている。同社では「今後，当社のコーティング技術をベースに様々な部品開発に取り組んでいく」とコメントする。

年表にみる沿革

1951	神戸市で東洋カロライジング工業株式会社として発足
1958	金属溶射分野の研究開始
1959	東京工場を新設
1960	溶射部門の本格的営業を開始／溶射工場を増強
1969	小倉工場を新設
1973	水島工場を新設／和歌山営業所を開設
1975	神戸工場にTDプロセス工場を新設
1976	東京工場にTDプロセス工場を新設
1977	神奈川営業所を開設
1978	鹿島営業所を開設
1980	CDC-ZACコーティングの操業を開始 名古屋工場を新設
1981	トーカロ株式会社に商号変更 北関東営業所を開設／PTAプロセスの操業開始
1983	明石工場を新設／明石工場, Al溶射JIS工場に認定
1985	海外企業への技術供与開始／水戸営業所を開設
1987	静岡営業所を開設
1989	明石第二工場を新設
1990	商品開発部を溶射技術開発研究所に改称
1991	明石第三工場を新設
1995	ITSC'95(国際溶射会議)神戸にて開催
1996	本社新社屋竣工／株式店頭登録 資本金7億9,514万円
1997	小倉第二工場(現:北九州工場)を新設
1998	小倉第二工場(現:北九州工場)でISO9002の認証を取得
1999	東京工場でISO9002の認証を取得 明石工場でISO9002の認証を取得
2001	小倉第二工場を北九州工場に, 小倉工場を北九州第二工場に改称 1月30日から3月5日までの期間, ジャフコ・エス・アイ・ジー株式会社が当社株式を公開買付けし, 当社の親会社となる 8月1日付けでジャフコ・エス・アイ・ジー株式会社が旧トーカロ株式会社を吸収合併, 商号はトーカロ株式会社とし, 同日付けで店頭登録を廃止 山梨営業所を開設
2002	本社, 溶射技術開発研究所でISO14001の認証を取得

2003	神戸工場でISO9001の認証を取得 東京証券取引所市場第二部に上場
2004	ITSC2004(国際溶射会議)大阪にて開催 日本コーティングセンター株式会社の全株式を取得
2005	東京証券取引所市場第一部に上場 中華人民共和国広東省広州市に東華隆(広州)表面改質技術有限公司を設立 北九州工場でISO14001の認証を取得 北九州工場に隣接する土地を取得 日本コーティングセンター株式会社の本社工場移転用土地・建物(神奈川県座間市)を取得
2006	日本コーティングセンター本社工場, 関東営業所の移転 名古屋工場, 神戸工場, 明石第三工場でISO14001の認証を取得
2007	東京, 明石工場で溶射設備増強のため工場を増設 東京工場, 水島工場でISO14001の認証を取得 北九州工場にD棟を新設
2008	名古屋工場において航空宇宙品質マネジメントシステム JIS Q 9100の認証を取得
2009	明石工場で工場棟を新設し, 薄膜製造装置を増設 明石工場でISO14001の認証を取得
2010	明石第三工場を明石工場に移転, 統合
2011	宮城技術サービスセンターを新設 中華人民共和国江蘇省昆山市 東賀隆(昆山)電子有限公司を設立 台湾 台南市に漢泰国際電子股份有限公司を設立
2014	名古屋工場で「Nadcap」の認証を取得 神戸工場を神戸市東灘区から神戸市西区へ移転 明石工場において航空宇宙品質マネジメントシステム JIS Q 9100の認証を取得
2015	名古屋工場を名古屋市緑区から愛知県東海市へ移転 米国カリフォルニア州にTOCALO USA,Inc.を設立
2017	インドネシアにPT.TOCALO SURFACE TECHNOLOGY INDONESIAを設立 本社を神戸市東灘区から神戸市中央区へ移転
2018	東京第二工場(現:東京工場鈴見事業所)を新設
2021	70周年を迎える

【この人に聞く】
次世代溶射技術へ挑戦

（一社）日本溶射学会会長 東北大学大学院工学研究科 教授
小川 和洋 氏

今年6月，（一社）日本溶射学会の会長に就任した小川和洋氏（東北大学大学院工学研究科教授）。新会長として「次世代溶射技術への挑戦」を活動テーマに掲げる。溶射技術の潮流や今後の活動方針について聞いた。

これまでの「溶射技術」を基盤技術とし，新たなプロセスやアプリケーションを開拓して「機能性皮膜」へと溶射の領域を広げたい。例えば，話題の金属アディティブマニュファクチャリング（金属AM）は溶射技術が応用できる。これまで溶射は基材の上に皮膜をつける2次元のプロセスだったが，これを3次元で行う。レーザ金属AM装置などと比較して溶射では圧倒的に速いスピードで造形を行うことが可能だ。

海外を含めた技術的な潮流を見ても「コールドスプレー」や「サスペンションプラズマ溶射」といった，これまでにない皮膜を作れる技術に注目が集まっている。

こうした新たな展開を検討するものとして「将来構想ワーキンググループ（WG）」を学会内に立ち上げた。

溶射分野で課題の一つが皮膜の密着強度と信頼性にあると考えている。これまではJISにおいても，皮膜を接着剤で引っ張り上げるというような方法で強度を図る試験を行っているが，新たな評価法の確立を含めて，皮膜の信頼性や安全性を担保するような活動も展開していきたい。

溶射は古くから，重工やインフラ，自動車など様々な重要部品に使われているが，最近では太陽電池や水素エネルギーにおいても適用が検討されている。カーボンニュートラルの社会では，必要な個所に必要な量の材料を成膜できるという溶射のメリットが発揮できる。ものづくりのマルチマテリアル化でも，十分に溶射技術は貢献できる。

昨年からのコロナ禍の中にあって，全国講演大会をはじめ，様々な活動がオンラインで行うことを余儀なくされた。オンラインしかできないのであれば，この状況を活用しようとの趣旨で「オンライン会議WG」を立ち上げた。全国の各支部単位で行っていた研究会や講演会を合同で行うというような，オンラインならではの活動を計画している。

会員数増に向けては，入会するメリット「うま味」の部分が必要だ。先に述べた将来構想WGを含めて新しい可能性を示していきたい。溶射はあらゆる基材に高速で皮膜を形成できるのが他のプロセスにない魅力。粉末材料など他分野との連携も広げていきたい。溶接に関わる人には金属積層への展開を含めて「新しい材料づくりの一つのプロセス」としても溶射技術をみてほしい。「この技術がなくてはものが作れない」といった技術にさらに溶射を成長させていきたい。

来る11月11・12日に秋季全国講演大会をオンラインで開催する。技術講演に加えて，相互交流がはかれるイブニングセッションなど多彩なイベントを企画しているので，ぜひ参加をしてほしい。

『新たな表面改質の可能性を探る／レーザクラッディングの実際と展望』テーマに，レーザクラッディングセミナー開催へ

11月2日㈫，愛知県・名古屋市工業研究所で

編集部

「新たな表面改質の可能性を探る／レーザクラッディングの実際と展望」をテーマに，レーザ加工技術の一つであるクラッディング（肉盛）に特化した『レーザクラッディングセミナー』（主催：産報出版㈱，後援：（一社）愛知県溶接協会・中部溶接振興会）が11月2日㈫，名古屋市熱田区の名古屋市工業研究所で初開催される。

当初9月に開催を予定していたレーザクラッディングセミナーだが，愛知県も新型コロナ感染症拡大による緊急事態宣言が発令されたことにより11月2日㈫に延期となった。当初の講師および講演内容には変更なく，予定通り対面によるセミナー形式で行う。但し，コロナ対策の観点から引き続き，ソーシャルディスタンスの確保やマスクの着用，検温，事前登録等の措置を講ずる。

近年，レーザ加工技術は発振器や加工ヘッドをはじめ，ロボット技術や矩形ビーム制御，センシング技術，シミュレーション技術などの各種周辺技術・機器の向上と充実により，さまざまなものづくりで活用されている。高出力レーザを熱源とする溶接・切断加工はもちろん，その活用法やアプリケーションの拡がりに新たなものづくりへの期待が高まっている。レーザクラッディング法もそのうちの一つと言えよう。

同セミナーは，このレーザクラッディング法に特化し，実際にレーザクラッディングを手懸ける大手企業や表面改質専門メーカーの研究者らが講師を務め，さまざまな適用事例や開発技術，あるいはトラブル事例などを解説するほか，粉末材料メーカーや機器メーカーが最新の技術トレンドや国内外事情などを紹介。合計10件の講演を行う。クラッディングのみならず，レーザメタルデポジション（LMD）による金属積層造形技術（金属AM）の可能性や将来展望についても言及する。

また，セミナー前日の11月1日㈪午後からと11月2日㈫終日は，展示ホールでワークサンプルや装置・材料等の製品・技術を紹介するパネル展示コーナーも併設。レーザクラッディングに関する情報収集の場として，またビジネスマッチングの場として活用できる。

なお，11月1日は，名古屋市工業研究所が保有する試作・評価・測定機器設備などを見学できるオープンラボも開かれる。（主催：名古屋市工業研究所／参加費は無料）

詳細および講演内容は次のとおり。

▽日時：2021年11月2日㈫午前9時30分〜▽場所：名古屋市工業研究所 大ホール（名古屋市熱田区六番3-4-41）▽受講料：19,800円（一般）／16,500円（愛知県溶接協会会員）〔消費税込・食事付〕▽併催：関連機材・製品および技術のパネル展示等

《講演内容》

① 「カーボンニュートラル推進・ウィルスリスク低減のためのブルーレーザーによるCu接合およびクラッディング技術の開発」／講師：大阪大学 接合科学研究所 接合プロセス研究部門 教授 塚本雅裕氏

② 「重工業分野におけるレーザクラッディングの適用と，金属積層造形技術（金属AM）への展開」／講師：三菱重工業㈱ 総合技術研究所 製造研究部 主幹研究員 藤谷泰之氏

③ 「レーザクラッディング向け粉末材料開発と，海外動向」／講師：ヘガネスジャパン㈱ SJT営業部 次長 門司匠氏

④ 「表面改質技術におけるレーザクラッディングの応用」／講師：トーカロ㈱東京工場 鈴身事業所 生産技術 室長 横田博紀氏

⑤ 「レーザクラッディングを活用した革新的生産技術の開発と補修技術への応用」／講師：川崎重工業㈱ 技術開発本部技術研究所 主任研究員 坂根雄斗氏

⑥ 「レーザクラッドバルブシートの開発と量産化への取り組み」／講師：トヨタ自動車㈱ 素形材技術部 主任 青山宏典氏

⑦ 「各種レーザクラッディングの特性と適用（汎用的なLMD/EHLA/他）」／講師：大阪富士工業㈱ 技術センター/LPJ研究所 溶接グループ長 北村裕樹氏

⑧ 「AIが広げるクラッディングの可能性とSDGsへの貢献」／講師：住友重機械ハイマテックス㈱ 技術部 主任技師 石川毅氏

⑨ 「現場におけるレーザクラッディングの実情」／講師：富士高周波工業㈱ 代表取締役社長 後藤光宏氏

⑩ 「SDGs社会におけるレーザクラッディングの魅力と可能性・国内外適用事例と最新トピックス」／講師：丸文㈱ システム営業第2本部 レーザ加工課 課長 江嶋亮氏

問い合わせ・申し込みは，産報出版㈱（03-3258-6411，06-6633-0720）まで。

大阪大学

カーボンニュートラル推進・ウィルスリスク低減のための ブルーレーザーによるCu接合およびクラッディング技術の開発

[講演者] 接合科学研究所 接合プロセス研究部門 教授 塚本雅裕氏

[講演内容]

　カーボンニュートラルを推進する電動化モビリティの主要部品であるモーターコイルの開発には，Cu 接合技術が必要となる。また，ウィルスリスクを低減する Cu 部材開発には，高速・高品質な Cu クラッディング技術が要求される。本講演では，青色半導体レーザ開発とこのレーザを用いて開発した Cu 接合および Cu クラッディング技術を紹介する。

三菱重工業㈱

重工業分野におけるレーザクラッディングの適用と， 金属積層造形技術(金属AM)への展開

[講演者] 総合技術研究所 製造研究部 主幹研究員 藤谷泰之氏

[講演内容]

　長年，レーザクラッディング技術に関する研究開発を進めてきた同社が，ガスタービンやエネルギー関連機器等の補修技術としての適用事例を紹介するとともに，レーザによる金属積層造形技術（金属 AM）への取り組みを紹介する。

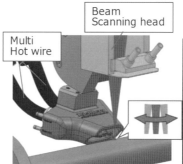
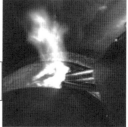

Beam Scanning head

Multi Hot wire

ヘガネスジャパン㈱

講演時間
10：50〜11：25

レーザクラッディング向け粉末材料開発と，海外動向

[講演者] SJT 営業部 次長 門司匠氏

[講演内容]

　従来の粉体溶接では到達できなかった被膜特性や生産性をもたらし，各国で採用が広がっているレーザクラッディング法。同社は 2008 年に初期半導体レーザを導入以降，2016 年には施設の充実を図り，開発を進めてきた。本講演では，粉末専門メーカーの観点からレーザクラッド向け粉末の製造，開発背景を諸外国の適用事例を交えて紹介する。

トーカロ㈱

講演時間
11：25〜12：00

[適用事例にみるレーザクラッディングの可能性 その①]
表面改質技術におけるレーザクラッディングの応用

[講演者] 東京工場 鈴身事業所 生産技術 室長 横田博紀氏

[講演内容]

　表面改質技術へのレーザ応用を積極的に進めている同社は，レーザクラッド設備を研究所や工場に導入し，レーザクラッド被膜の開発や実機部品への適用を展開している。本講演では，レーザクラッド被膜の基礎評価や適用例などを紹介する。

川崎重工業㈱

講演時間
12：45～13：25

レーザクラッディングを活用した
革新的生産技術の開発と補修技術への応用

［講演者］技術開発本部技術研究所 主任研究員 坂根雄斗氏

［講演内容］

　レーザクラッディング法は，従来の溶接技術に比べて低入熱，高制御性といったプロセス上の特徴を有する。同社はこれらの特徴を活用し，積層造形，表面改質，復元補修といった切り口から開発を進めてきた。本講演では，航空エンジン部品や産業用ガスタービン部品等を対象とした開発事例について紹介する。

トヨタ自動車㈱

講演時間
13：25～14：05

レーザクラッドバルブシートの開発と量産化への取り組み

［講演者］素形材技術部 主任 青山宏典氏

［講演内容］

　近年，金属積層造形技術が注目されているが，自動車分野においては少量部品の製造に限られている。今回，自動車用エンジンの高性能化のキー技術として世界展開を狙いに開発を進めてきた。本講演では，高効率で信頼性の高い新工法と，造形プロセスに適した専用合金粉末を開発した事例について紹介する。

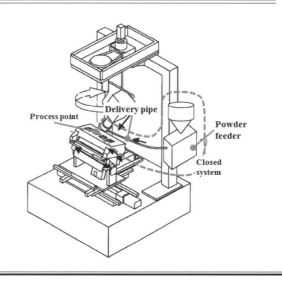

大阪富士工業㈱

講演時間
14:05〜14:40

[適用事例にみるレーザクラッディングの可能性 その②]
各種レーザクラッディングの特性と適用（汎用的なLMD/EHLA/他）

[講演者] 技術センター /LPJ 研究所 溶接グループ長 北村裕樹氏

[講演内容]

　同社は創業時より肉盛溶接をコア技術とし，鉄鋼，製紙，重工業などの業界で各種消耗部材の耐用度向上を追求してきた。近年では，レーザクラッディング技術により従来法（アーク溶接）が抱える諸問題の改善・解決が図られ，適用範囲は広がりをみせている。本講演では，肉盛溶接の新たな可能性について，試験データや施工例をもとに紹介する。

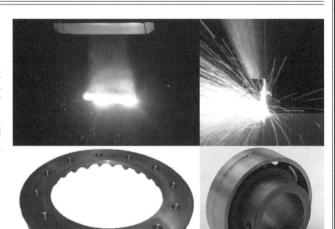

住友重機械ハイマテックス㈱

講演時間
14:55〜15:30

[適用事例にみるレーザクラッディングの可能性 その③]
AIが広げるクラッディングの可能性とSDGsへの貢献

[講演者] 技術部 主任技師 石川毅氏

[講演内容]

　レーザクラッディングでは，過酷な環境で使われる機械の要求特性を実現できるほか，再生利用など持続可能性の面からも期待されている。同社は，これからの普及拡大をにらみ，施工条件確立や品質確保に寄与する AI の開発も始めている。本講演ではいくつかの革新的な適用事例や AI の可能性について紹介する。

富士高周波工業㈱

［ 適用事例にみるレーザクラッディングの可能性 その④ ］
現場におけるレーザクラッディングの実情

［ 講演者 ］代表取締役社長 後藤光宏氏

［ 講演内容 ］

2011 年にレーザクラッディングの受託加工を開始して以来，約 10 年が経過し，その中で様々なトラブルを経験してきた同社。本講演では，過去に発生したトラブル事例を題材にして，どのようにしてその課題を解決してきたのかを報告する。

丸文㈱

［ 適用事例にみるレーザクラッディングの可能性 その⑤ ］
SDGs社会におけるレーザクラッディングの魅力と可能性・国内外適用事例と最新トピックス

［ 講演者 ］システム営業第 2 本部 レーザ加工課 課長 江嶋亮氏

［ 講演内容 ］

半導体レーザは，高出力・高輝度・高信頼性と目覚ましい進化を遂げ，次々に新しい加工技術が生まれている。本講演では，SDGs 社会において，新しい技術とともに，さまざまな分野で実用化が進んでいる高出力半導体レーザを用いたレーザクラッディングについて紹介する。

溶射プロセスに適応した合金設計とレーザ重畳ハイブリッド化による環境適合型高耐久性コーティングの開発

槇野　行修, 伊丹　二郎, 佐古　さや香, 曽　珍素

倉敷ボーリング機工㈱

1　はじめに

1.1　研究開発の背景

　石油・化学プラントおよび発電所などの大型プラントでは，構成する各種機器，配管には経済性や加工性の面からおもに鉄鋼材料が適用され，各生産プロセスにおいて冷却水や水蒸気などがその配管内外を流れている。鉄鋼は安価であるが，腐食しやすい金属のため，腐食劣化によるプロセス液の漏洩や破裂事故が発生するリスクがある。これらの問題を解決するために耐食性のある部品が求められており，現在，Ti，高 Ni 合金などの高級材料や表面処理（Ni めっきなど）が使用され，腐食劣化の低減が図られている。また，印刷機器では，シリンダーと呼ばれるロールを介して印刷がおこなわれているが，ロール表面に耐食性や耐摩耗性を付与するために，表面処理（硬質 Cr めっき）が施されている。

　しかし，近年の環境規制（RoHS 指令，REACH）により，めっき処理の適用が困難になっており，それに替わる耐食性，耐摩耗性を有する表面処理技術の確立が強く求められている。このような産業界の環境配慮に向けた動きは化学プラントや印刷業界などに限られるものではなく，自動車や航空宇宙産業においても進められており，とくに航空機産業では，硬質 Cr めっきの代替としてサーメット溶射皮膜の研究開発が欧米を中心に進められ，すでに WC-CoCr などの材料が航空機のランディングギアなどに採用されている。

　ステンレス鋼は耐食性がある溶射材料として有望ではあるが，溶射過程での高温酸化反応により皮膜組織が不均質となり，製品仕様の過酷化が進む産業分野では耐食性能が十分に発揮できず，ステンレス溶射の産業分野への適用は，めっき処理が適用できない鋳物分野に限られているのが現状である。このため，広範囲な産業分野への適用が見込めるステンレス鋼溶射の耐食性能向上の研

究開発が課題となっている。

1.2　開発の目的

　本目的として，硬質 Cr めっきを代替・凌駕する高耐久性を有し，環境・資源的負荷の少ない溶射コーティング技術を開発する。本研究では 2 つの新技術を用いて，溶射コーティング技術の開発を試みた。一つ目は鉄基耐食合金に活性元素（C，B，Si など）を添加すると酸素と優先的に反応し蒸発する現象を利用した「大気中で無酸化な耐食合金皮膜を形成する技術」である。二つ目はレーザを重畳して基材上での溶射皮膜の冷却速度を変化させた「析出硬化相の制御で耐摩耗皮膜を形成する技術」である。図 1 に従来技術と開発時に設定した目標（新技術の概要図）を示す。

2　開発のコンセプト

　本件は，「溶射中の高温酸化雰囲気で優先的に酸化昇華する元素に関する基礎的知見」と題し，国立研究開発法人物質・材料研究機構，九州工業大学と共同研究を実施した。その結果，ステンレス系材料へ軽元素添加（＋高温域）により，酸化物を含まない金属溶射皮膜を大気中で成膜することが可能となることがわかった。従来技術による溶射粒子の成膜機構を図 2，開発技術による溶射粒子の成膜機構を図 3 に示す。熱力学を基軸とした理論アプローチを実施することで，添加元素（Si，B，C）の酸化反応は元素を複合添加することにより活性化され，耐食性を発現する Cr の酸化抑制効果の向上が期待できる。

　耐食性発現機能だけでなく，炭化物，ホウ化物の析出により硬さの向上が見込まれる。また Mn 元素は，鉄精錬の脱酸素剤として使われており，溶接材に Si と一緒に添加すると割れ，気泡の発生を抑制する効果があると知られているため，溶射材料に Mn を添加することで酸化抑制の効果が期待できる。

　具体的な開発方法として，溶射プロセスに適応した合金

設計と凝固制御についてはFe-Ni-Cr合金をベースにMn，Si，B，Cなどの軽元素を添加され，これらの元素が優先的に酸化されることでCrの酸化が抑制される。さらにCrよりも炭化物を形成しやすい元素（Ti，Nb，V）を添加することで硬さの上昇と高耐摩耗性の発現を試みる。

次に溶射過程における溶射材料の温度変化と組織制御の概念図を図4に示す。図4は横軸に時間，縦軸に温度を示す。まず室温で溶射フレームに投入された材料は，急激に融点以上の温度で加熱される。その状態で溶射フレーム中を飛行し，基材へ衝突，急冷凝固されることで，非平衡状態のアモルファスや過飽和固溶体を形成しやすくなる。さらに熱影響がプラスされ，溶射粒子の冷却速度を制御することで，硬質相の比率およびサイズが制御

でき，硬さや耐摩耗性の向上が期待できる。また，硬さや耐摩耗性を向上させるために「析出硬化相の制御で耐摩耗皮膜を形成する技術」として，溶射と同時にレーザ照射をおこなうことで溶射粒子の冷却速度を制御し，析出硬化相の制御をおこなう。

3 溶射プロセスに適応した合金設計による皮膜開発

3.1 高耐食性溶射皮膜

溶射プロセスに適応した合金の設計をおこない，市販ステンレス鋼にMn，Si，B，およびC元素を添加して検証した結果，これらの添加元素が，溶射中に優先的に

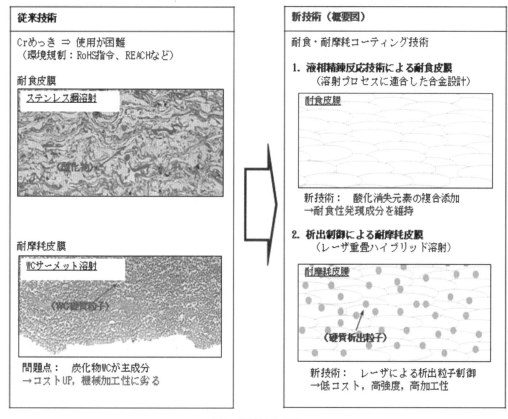

図1 開発における目標

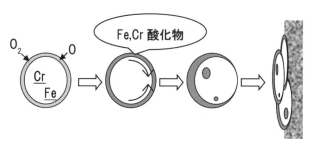

図2 従来技術の溶射粒子の成膜概念図

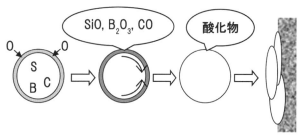

図3 開発技術の溶射粒子の成膜概念図

酸化・蒸発することにより，Cr，Ni の損失を抑制することが明らかとなった。さらに Ti などの硬質化合物を形成する元素を添加することにより Cr の炭化物・ホウ化物の粗大化を抑制でき，皮膜の耐食性維持と硬さの上昇が確認できた。ここで具体的な試験内容を述べる。表1 に SUS316L 皮膜，開発皮膜−1（市販の SUS316L をベースとして，Mn，Si および B を添加），開発皮膜−2（高Cr，高 Ni にさらに Si，B の添加量を増加し，Ti，C を添加）の特性を示す。各皮膜は大気中プラズマ溶射にて成膜している。SUS316L 皮膜はラメラ状組織の間に酸化物（灰色のコントラスト部）が多く存在することが分かる。一方，開発皮膜−1 と 2 は均一な組織であり，酸化物がほとんど観察されず，酸化物含有量を大幅に低減していることが明らかとなった。皮膜の断面硬さについ

て，開発皮膜−1 の断面硬さは市販 SUS316L 皮膜に近い 250（HV0.3）であり，添加量を増加した開発皮膜−2 の断面硬さは 720（HV0.3）と SUS316L と比較し，3 倍近く高い結果となった。これは Ti，C を添加した影響でで硬さが向上されたと推測される。

開発皮膜の耐食性評価をおこない，耐食性と合金組成との関連性を調べた結果，開発皮膜−1 と 2 は，塩水噴霧試験 1000h を経過しても発錆がなく，優れた耐食性を示す（図 5）。Si，B を添加することで溶射中の Cr 酸化が抑制され，耐食性が向上した。開発皮膜−2 は Si，B の添加量の増加および C，Ti を追加することで耐食性を維持することができた。

以上の結果から「大気中で無酸化な耐食合金皮膜を形成する技術」を用いて，高耐食性を有す皮膜が完成した。

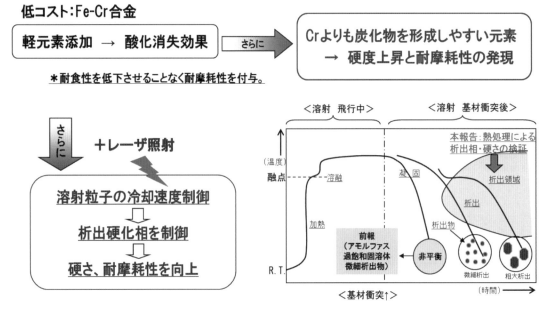

図4　溶射過程における溶射材料の温度変化と組織制御の概念図

表1　開発皮膜の特性

皮膜	市販SUS316L	開発皮膜−1	開発皮膜−2
粉末組成 （粒径-53+15um）	Fe-18Cr-12Ni	SUS316L+15Mn-3Si-0.3B	Fe-25Cr-25Ni-4Si-2B-0.6C-1Ti
ミクロ組織			
断面硬さ	HV0.3=220	HV0.3=250	HV0.3=720

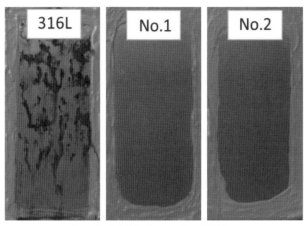

図5　塩水噴霧試験1000h後の皮膜外観

（316L）SUS316L皮膜，（No.1）開発皮膜－1および（No.2）開発皮膜－2

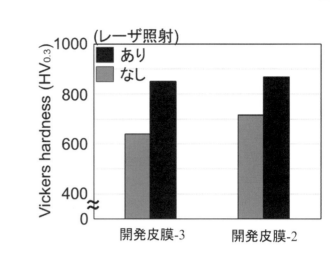

図6　レーザ照射有無による開発皮膜断面硬さ

表2　プラズマ溶射に適応する高耐食性・高硬度皮膜の設計合金組成

No.	Cr	Ni	Si	B	C	Mo	Ti	Nb	V	Cu
開発皮膜－2	25	25	4	2	0.6	4	1	－	－	－
開発皮膜－3	25	15	4	3	2.0	6	－	4	1	3

粉末粒径:-53+15μm

3.2　レーザ重畳ハイブリッド化による耐摩耗溶射技術の開発

　開発皮膜－2において，断面硬さは720（HV0.3）であり，より硬さを向上させるために溶射と同時にレーザ重畳技術を導入し，溶融粒子の冷却速度を制御する。これにより非平衡組織の過飽和固溶体から硬質相のサイズや比率の制御ができ，硬さや耐摩耗性の向上を図る。また，BとCの添加量を増加することで，さらに硬さの向上が可能であると考えた。この場合，耐食性に悪影響を及ぼす粗大なCrの炭化物・ホウ化物を形成する恐れがあるため，それらを抑制するためにNb，Vを添加した。また，耐食性が低下しないようにMoの添加量を増加させ，Cuの添加をおこなった（この合金を開発皮膜－3とする）。表2に設計合金の開発皮膜－3の組成を示す（比較のために開発皮膜－2の組成を記載する）。

　レーザ装置の最大出力は1kwであり，集光ビーム径，移動速度を変化させ，皮膜の溶融や割れ状態を確認した結果，レーザ集光ビーム径φ10mmでは皮膜の溶融に必要な熱エネルギーが得られないが，φ5mmの場合，皮膜の溶融が確認された。溶射とレーザの焦点を一致さ

せることで，溶射，レーザの同時照射をおこない，皮膜の硬さを向上させるための効果的な条件を調査した。その結果，最適なワークの回転周速，レーザ装置の送り速度が判明した。これらの最適条件により溶射のみの皮膜と溶射－レーザ同時照射をおこなった皮膜を作製し，硬さについての比較検証を実施した（図6）。

　開発皮膜－3はレーザ照射をおこなうことで，照射なしの場合の640（HV0.3）から850（HV0.3），開発皮膜－2は720（HV0.3）から870（HV0.3）へと向上した。よって，溶射と同時にレーザ照射することで皮膜の硬さが上昇することが確認できた。

　これらの皮膜に封孔処理をおこなった試験片についてアノード分極による耐食性試験を実施した。図7に示すのは，開発皮膜－2，3の塩水中でのアノード分極曲線である。JIS規格に則り，点線で示す10μA cm^{-2}の電流密度となる電位を孔食電位と設定した。開発皮膜－3の孔食電位は，レーザ照射することにより低下した。また，開発皮膜－2においては，レーザ照射した皮膜は孔食電位がわずかに高くなった。しかし，孔食が発生する電流値以下の範囲では，レーザ照射なしが曲線の傾斜が緩やかであるため，レーザ照射により耐食性が低下し

たことを示唆している。

希硫酸中でのアノード分極曲線をおこなった結果を図8に示す。塩水中での曲線とは異なり，両皮膜ともに活性－不動態遷移を維持している。開発皮膜－3については，レーザ複合照射することで不動態電流密度が上昇しているため，希硫酸中での耐食性が低下したことがわかる。また，開発皮膜－2合金皮膜については，レーザ複合照射することで不動態電流密度の低下が見られ，レーザ照射により耐食性が改善したことがわかる。

開発皮膜－3のXRD測定の結果を図9（a）に示す。レーザ照射なしの場合，開発皮膜－2と同様にブロードなパターンを示しており，α-Fe，γ-Fe相以外にCrBピークが確認された。レーザ照射ありの場合，γ-Feのピークはより強くなったが，XRDパターンはブロードのままであった。また，CrBが皮膜中に存在するため，耐食性が低下していると考えられる。

開発皮膜－2のXRD測定の結果を図9（b）に示す。レーザ照射なしの皮膜は，ブロードなXRDパターンを示し，

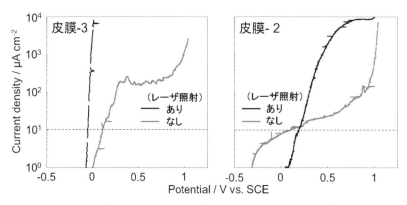

図7　塩水中でのアノード分極曲線（黒色線:照射あり,灰色線:照射なし）

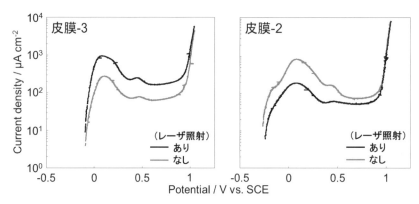

図8　希硫酸でのアノード分極曲線（黒色線:照射あり,灰色線:照射なし）

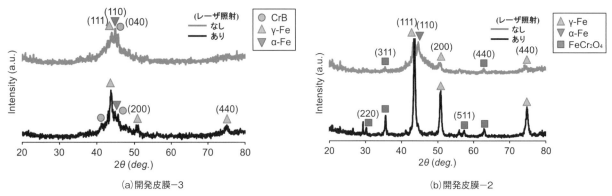

(a)開発皮膜－3　　　　　　　　　　　　　(b)開発皮膜－2

図9　レーザ照射有無による開発皮膜のXRD回析結果

α-Fe, γ-Fe そして Fe と Cr の複合酸化物に帰属されるピークが確認された。レーザ照射ありの場合，γ-Fe のピークが著しく強く，かつシャープであるため，α-Fe が γ-Fe へと相変化していることが判明したこの相変化により希硫酸への耐食性が改善された要因であると考えられる。

　以上の結果から「析出硬化相の制御で耐摩耗皮膜を形成する技術」として，高耐摩耗性に優れた皮膜が開発できたが，塩水に対する耐食性については析出物の影響で低下した。硫酸に対してはレーザ照射することで高耐摩耗性かつ耐食性を改善する皮膜を開発した。

4　おわりに

　プラズマ溶射は高温溶融・酸化および急冷凝固のプロセスであることが特徴である。このプロセスにより形成するステンレス合金皮膜は，原材料の性質が変わるため（おもに酸化される），耐食性は大幅に落ちる。これに対して，著者らの研究から Si，B，C のような軽元素の添加により高温溶射中における溶融粒子の酸化を抑制するメカニズムを解明した。本研究では，添加した Si，B，C は飛行粒子の酸化抑制を発揮して，さらに急冷凝固プロセスによる非平衡組織に作用させ，高硬度に寄与することに着目した。一般的にこれらの軽元素は Cr の炭化物，ホウ化物を形成しやすく，耐食性に良い影響を及ぼさない。そこで Cr より炭化物，ホウ化物を形成しやすい V，Ti 添加を検討した結果，耐食性を維持しながら高硬度であり，コストパフォーマンスに優れ，かつ各種の機械部品への適用を可能とする機械加工性に優れる鉄基合金の耐摩耗性溶射皮膜を確立した。

　溶射・レーザの同時技術を確立し，レーザ照射することで高耐摩耗性の皮膜を開発した。これは溶融粒子の冷却速度を制御することで非平衡組織の過飽和固溶体から微細な硬質相の析出と推測される。

　今後，産業機械に広く適用されている鉄鋼材料に対して，従来の Ni や Cr めっきの代替として，環境に優しくかつ高付加価値な表面処理技術として本皮膜を提供し，産業界のさらなる発展に貢献できるよう活発な活動をおこなっていきたい。

謝辞

　本研究は，平成 21 年度～平成 23 年度に経済産業省の「戦略的基盤技術高度化支援事業」補助金を受けて実施しております。本研究を遂行するに当たり，ご協力頂いた九州工業大学恵良先生，独立法人・物質材料研究機構の黒田先生，岡山工業技術センターの村岡様に深く感謝し，ここにお礼を申し上げます。

溶射業界
あの日あのとき
1974年　JIS H 8302（肉盛溶射），JIS H 8664（肉盛溶射製品試験方法）が制定。

溶射技術関連の海外論文の動向

榊　和彦

国立大学法人信州大学学術研究院（工学系）

1　はじめに

　5月末に編集部より「海外論文紹介」についての寄稿を依頼された。直前に世界を代表する学術論文の検索ツール Web of Science[1] についてのオンライン講習会を受けたばかりで，これを使って書いてみようと思い，引き受けた。いまだ不慣れな点もあり，十分に使いこなしていないが，読者の皆様に参考になれば幸いである。なお，この Web of Science に引用される学術雑誌は 1990 年以降の質の高い英文誌であり，残念ながら日本語の学術雑誌は対象外である。また，注目度や質の目安としてほかの論文などからの被引用数（Citation number）が目安の一つとなる。

　なお，前号で国際溶射会議（ITSC2021）が 5 月 24 日から 28 日までの 5 日間オンラインでの開催となったことを報告したが[2]，そのプロシーディングス 106 編が 6 月末にオンラインで発行され，ひとまず参加登録者には 9 月末までの期間限定で公開されたこと[3] を報告する。

2　溶射関連のドキュメントの傾向

　図 1 に "Thermal spray" で検索した出版物（以下，単に論文という）数と被引用数の推移を，図 2 に溶射の論文の分野によるドキュメントの種類による分類を示す。論文数は計 6,088 件となり，ドキュメントの種類で分類は 87%（5,788 件）が原著論部であり，ついで，会議録が 18%（1,065 件），編集資料（255 件），総説（213 件），ニュース記事（220 件）がそれぞれ約 4% となった。なお会議録は，例えば国際溶射会議で発表後に発表内容を J. Thermal Spray Technology に投稿しているなどの原著論文である。図 2 では両分野でカウントされているが，6,088 件には重複していない。また，掲載した学術雑誌とそのインパクトファクター（以下，IF）を表 1 に示す。IF とは，雑誌の影響度指標で，それは雑誌の 1 論文あたり平均被引用数をもって示される。数値は年ごとに替わり，新しい数値は 6 ～ 7 月に発表される[4]。論文の掲載数の多いのは，J. Thermal Spray Technology であるが，IF はそれほど高くない。この中で IF が一番高い雑誌は，Acta Materialia で 9.277 であり，研究者らはできれば，IF の高い学術雑誌への掲載を望むが，その分敷居も高い。なお，日本金属学会を中心に材料系学協会（日本溶射学会も参加）の共同刊行である Materials Transactions の IF は，努力はしているものの残念ながら 1.215 と低い。

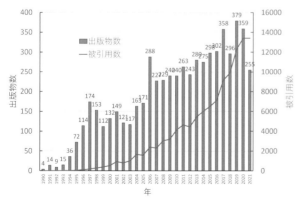

図1　溶射の出版物数と被引用数の推移
Web of Scienceによる"Thermal spray"で検索した結果
出版物数（ドキュメント）計6,088件の種類の内訳は図2に示す

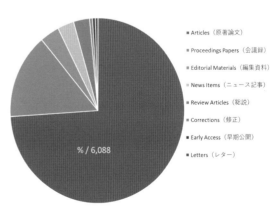

図2　溶射の出版物の分野によるドキュメントの種類による分類
Web of Scienceによる"Thermal spray"で検索した結果
出版物数6,088件をドキュメントの種類で分類

表1 溶射の出版物の出版物（学術雑誌）による分類

順位	出版物名	レコード数	%/6,088	2020※	※※
1	JOURNAL OF THERMAL SPRAY TECHNOLOGY	3,078	50.6	2.757	3.065
2	SURFACE COATINGS TECHNOLOGY	531	8.7	4.158	3.958
3	WEAR	131	2.2	3.892	4.231
4	ADVANCED MATERIALS PROCESSES	124	2.0	0.15	0.27
5	SURFACE ENGINEERING	76	1.2	3.169	2.607
6	MATERIALS SCIENCE AND ENGINEERING A STRUCTURAL MATERIALS PROPERTIES MICROSTRUCTURE AND PROCESSING	72	1.2	5.234	5.266
7	COATINGS	64	1.1	2.881	3.038
8	MATERIALS TRANSACTIONS	63	1.0	1.389	1.215
9	CERAMICS INTERNATIONAL	51	0.8	4.527	4.049
10	APPLIED SURFACE SCIENCE	42	0.7	6.707	5.905
11	JOURNAL OF ALLOYS AND COMPOUNDS	41	0.7	5.316	4.631
12	WELDING JOURNAL	41	0.7	1.833	2.077
13	JOURNAL OF THE AMERICAN CERAMIC SOCIETY	40	0.7	3.784	3.679
14	ACTA MATERIALIA	37	0.6	8.203	9.277
15	JOURNAL OF THE EUROPEAN CERAMIC SOCIETY	33	0.5	5.302	4.925
16	JOURNAL OF MATERIALS ENGINEERING AND PERFORMANCE	30	0.5	1.819	1.895
17	MATERIALS SCIENCE FORUM	28	0.5	−	−
18	MATERIALS & DESIGN	25	0.4	7.991	7.097
19	JOURNAL OF MATERIALS PROCESSING TECHNOLOGY	23	0.4	5.551	5.613
20	MATERIALS PERFORMANCE	23	0.4	0.158	0.146

※2020年のインパクトファクター　※※2020までの過去5年のインパクトファクター　　　出典: Journal Citation Reports ™ [4]
Web of Scienceによる"Thermal spray"で検索した結果　出版物数6,088件の出版物での内訳

図1より，論文数と被引用数は年々増加傾向にあり，2019年に379件とピークとなっていることから，溶射技術が注目されていることがわかる。図3にほかのコーティング法と比較した論文数の推移を示すが，めっきがもっとも高く，次いで陽極酸化とPVDで，溶射はCVDと最近はほぼ同数となっている。なお，2021年はまだ9月の段階の数字であり，2020年と同数程度になると思われる。コロナ禍の影響があるか否かがなんとも言えないが，筆者からみると，研究時間などが制限され影響はあると思う。ちなみに，溶射で1990年4件のうち4月に発行された論文は，ニューヨーク州立大のHerman教授であった[5]。筆者はお会いする機会はなかったが，溶射の諸先輩方からは，今日の同大学が米国で溶射技術の研究でNo.1となった基礎を築き，その偉大さを伺っている。

図4には，溶射プロセス別の論文数の推移を示す。1件の論文に複数の溶射プロセスが掲載される場合もあり，図1の結果より多くなっている。1997年からプラズマ溶射，HVOFまたはHVAF，フレーム溶射の順に多いが，2000年に入るとコールドスプレーが増え始め

ている。アーク溶射はこの10年間，30件前後で推移しており，意外にも爆発溶射がこの5年で10件から20件と少ないながら増えている。レーザ技術の発達によりレーザクラッディングやその積層造形（AM）への適用の研究開発が盛んにおこなわれているが，この図のレーザ溶射は1から2件で推移しており，"レーザ溶射"以外の用語で，または，"溶射"の枠を外して，検索する必要があるかもしれない。例えばレーザコーティングは，レーザクラッディング（肉盛溶射）に似ているが，金属基板に異なる金属膜を薄くコーティングすることで，基板と異なる機械的性質を付与できる点が大きな違いであると，塚本らは述べている[6]。"laser coating"では，計102件が該当し，2007年から増え始め，2020年は13件，被引用数303件とピークとなっている。なお，図3の肉盛溶接は，10件以下で推移しており，用語の選択も検討しないといけない。

ところで，前述のようにITSC2021プロシーディングスが発行された。収録されたセッション別の論文数を表2に示す。プログラム掲載の講演220件のうち，プロシー

ディングスに掲載されたのは，106件と半分であり，これは例年通りと思われる。講演件数のうちもっとも多い溶射プロセスはコールドスプレーの77件（35%）であった[2]。プロシーディングスでも，コールドスプレーは表2の4, 5, 14のセッションを主に計35件（33%）であり，

一番多くなっている。コールドスプレーも一時頭打ちになっていた傾向があるが，図5に示すように2013年辺りよりコールドスプレーによる金属造形（Cold Spray Additive Manufacturing：CSAM）が注目を集めはじめ，論文数が伸びている。

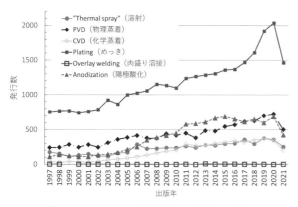

図3　ほかのコーティング法と比較した出版物数の推移
Web of Scienceによる各コーティング名で検索した結果

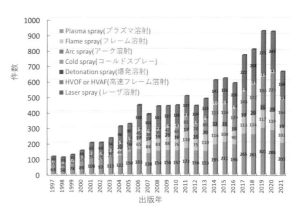

図4　溶射プロセス別の出版物数の推移
1件の出版物に複数の溶射プロセスが掲載される場合もある

表2　国際溶射会議ITSC2021プロシーディングス[2]掲載の各セッション別の論文数

	セッション名	開始ページ	終了ページ	論文数
1	ENGINEERING AND TESTING OF TBCS, BOND-COATS, EBCS, AND ABRADABLES	1	74	10
2	RESEARCH AND DEVELOPMENT OF PROTECTIVE COATINGS FOR AIRCRAFT STRUCTURAL PARTS	75	100	4
3	CHARACTERIZATION AND TESTING FOR MECHANICAL AND CHEMICAL PROPERTIES	101	130	4
4	COLD SPRAY METALS, CERAMICS, AND METAL MATRIX COMPOSITE COATINGS	131	213	12
5	COLD SPRAY PROCESSING, SIMULATION, AND PARTICLE IMPACT	214	273	9
6	MATERIALS AND TECHNOLOGY	274	359	12
7	MODELING AND SIMULATION	360	409	6
8	NEW COATINGS MATERIALS DEVELOPMENT	410	460	7
9	POLYMER COATINGS AND NANOMATERIAL COATINGS	461	481	2
10	SUSPENSION AND SOLUTION PLASMA AND THERMAL SPRAY	482	521	6
11	POSTER SESSION	522	552	5
12	AUTOMOTIVE, RAIL, HEAVY EQUIPMENT, AND MARINE INDUSTRIES	553	577	3
13	BIOMEDICAL APPLICATIONS	578	589	2
14	COLD SPRAY AND COLD SPRAY ADDITIVE MANUFACTURING	590	634	7
15	EQUIPMENT, CONSUMABLES, AND ECONOMICS	635	663	3
16	NOVEL THERMAL SPRAY APPLICATIONS AND CHARACTERIZATION TECHNIQUES	664	687	3
17	POWER GENERATION, RENEWABLE ENERGY, AND ENVIRONMENTAL APPLICATIONS	688	699	2
18	WEAR, CORROSION, AND TRIBOLOGY	700	757	7
19	YOUNG PROFESSIONALS SESSION	758	770	2
	Organizing Committees			0
			計	106

表3に溶射の論文を分野による分類を示す。Web of Scienceによる分野はあらかじめ決められている。この分野でも，1件の論文が複数の分野にまたがり，1件が平均1.4の分野にカウントされている。表2より，当然，皮膜が1位で63.8%，以下順に，学際的な材料科学（21.3%），応用物理（13.8%），冶金工学（11.5%），機械工学（5.2%）となっている。カーボンナノチューブの使用によるナノテクノロジーや，インプラントなどの生体材料，生体材料工学なども1%と少ないながら溶射でも研究されていることがわかる。表1のような応用面でのセッションの分類でないので，ガスタービンやジェットエンジンに使用されるTBC

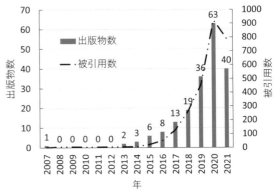

図5 コールドスプレーアディティブマニュファクチャリング（CS）の出版物数と被引用数の推移
Web of Scienceによる"CS"と"AM"で検索した結果
出版物数計191は，原著論文164，総説20，会議録10，早期公開4，編集史料，修正4件

表3　溶射の出版物の分野による分類

順位	Web of Science　分野	数	%
1	Materials Science Coatings Films（材料科学　皮膜）	3,884	63.8
2	Materials Science Multidisciplinary（学際的な材料科学）	1,296	21.3
3	Physics Applied（応用物理）	839	13.8
4	Metallurgy Metallurgical Engineering（冶金　冶金工学）	701	11.5
5	Engineering Mechanical（機械工学）	315	5.2
6	Materials Science Ceramics（材料科学　セラミック）	195	3.2
7	Chemistry Physical（化学物理）	161	2.6
8	Physics Condensed Matter（物理　物性物理学）	136	2.2
9	Nanoscience Nanotechnology（ナノテクノロジー）	110	1.8
10	Engineering Chemical（化学工学）	86	1.4
11	Mechanics（力学）	63	1.0
12	Thermodynamics（熱力学）	62	1.0
13	Engineering Manufacturing（製造工学）	60	1.0
14	Electrochemistry（電気化学）	58	1.0
15	Materials Science Characterization Testing（材料科学 特性試験）	55	0.9
16	Engineering Multidisciplinary（学際的な工学）	51	0.8
17	Chemistry Multidisciplinary（学際的な化学）	35	0.6
18	Energy Fuels（エネルギー　燃料）	35	0.6
19	Materials Science Biomaterials（材料科学　生体材料）	35	0.6
20	Instruments Instrumentation（計装）	32	0.5
21	Engineering Biomedical（生体材料工学）	29	0.5
22	Engineering Electrical Electronic（電気電子工学）	27	0.4
23	Engineering Industrial（産業工学）	25	0.4
24	Materials Science Composites（材料科学　複合材料）	20	0.3
25	Chemistry Applied（応用科学）	17	0.3

※（　）の和訳は筆者による
Web of Scienceによる"Thermal spray"で検索した結果　出版物数6,088件をWeb of Scienceの分類での内訳

表4　溶射の出版物の著者による分類

順位	著者 ※1	所属	国	レコード数	%/6,088
1	Sampath, Sanjay	State University of New York （SUNY） System	USA	201	3.30
2	Li, Chang-Jiu	Xi'an Jiaotong University	PEOPLES R CHINA	149	2.45
3	Guilemany JM	University of Barcelona	SPAIN	124	2.04
4	Berndt, Chris C	Swinburne University of Technology	AUSTRALIA	112	1.84
5	Coddet, Clement	ESIEA	FRANCE	103	1.69
6	Yang, Guan-Jun	Xi'an Jiaotong University	PEOPLES R CHINA	103	1.69
7	Li, Cheng-Xin	Xi'an Jiaotong University	PEOPLES R CHINA	99	1.63
8	Liao, Hanlin	Universite Bourgogne Franche-Comte	FRANCE	79	1.30
9	Vassen, Rober	Research Center Julich	GERMANY	79	1.30
10	Dosta, Sergi	University of Barcelona	SPAIN	78	1.28
11	Kuroda Seiji	National Institute for Materials Science	JAPAN	78	1.28
12	Lima, Rogerio S.	National Research Council Canada	CANADA	71	1.17
13	Moreau, Christian	Concordia University - Canada	CANADA	71	1.17
14	Singh, Harpreet	Punjabi University	INDIA	68	1.12
15	Mostaghimi, Javad	University of Toronto	CANADA	65	1.07
16	Montavon, Ghislain	Universite Bourgogne Franche-Comte （ComUE）	FRANCE	64	1.05
17	Lusvarghi, Luca	Universita di Modena e Reggio Emilia	ITALY	60	0.99
18	Bolelli, Giovanni	Universita di Modena e Reggio Emilia	ITALY	59	0.97
19	Li, Hua	Chinese Academy of Sciences	PEOPLES R CHINA	59	0.97
20	Vuoristo, Petri	Tampere University	FINLAND	57	0.94

※1:Web of Scienceのアルゴリズムにより生成された著者レコード
Web of Scienceによる"Thermal spray"で検索した結果　出版物数6,088件を著者別に集約

や EBC などの分野が見えてこない欠点がある。

　表4に示す著者別上位20位を示す。1位は前述のニューヨーク州立大の S. Sampath 教授で，2位には C. J. Li 教授（西安交通大学），3位に J. M. Guilemany 教授（バルセロナ大）が入った。また，西安交通大学では計3名が入っている。連名も多いと思うが，C. J .Li 教授のパワーを改めて感じた。著名な方ばかりと思っていたら，筆者の無知によると思うが，意外にもバルセロナ大から2名が入っていた。わが国では，黒田聖治博士が11位に入っている。4位の C. C. Berndt 教授は，元ニューヨーク州立大の教授で，現在，母国オーストラリアに戻っても精力的な活動をされている。

3　被引用件数の高い論文など

　表5に被引用件数の高いドキュメントを示す。1位は，ヘルムートシュミット大（ドイツ）の研究グループの Acta Materialia に掲載された "Bonding mechanism in cold gas spraying" でコールドスプレーにおける粒子と基材の密着のメカニズムを数値シミュレーションと実験をおこなって，粒子の付着しはじめる臨界速度を初めて定式化した論文である。実験結果から感覚的には各因子が分かっていても，それを定量的に示した画期的な論文である。現在は，M. Hassani-Gangaraj らと，コールドスプレーの粒子の接合メカニズムで議論しているが[7]，それまでは彼らの Adiabatic shear instability（断熱せん断不安定）説が主流であり，2021年9月でも74件の被引用数がある。また，上位50件中12件がコールドスプレー関連であり，その接合メカニズムに関するものが多い。

　日本の著者で見ると（表5中太文字で示す），10位に阿部冨士雄氏（物質・材料研究機構）が入っているが，

表5　被引用件数の高い出版物（論文）

順位	題目	著者
1	Bonding mechanism in cold gas spraying	Assadi, H; Gartner, F; Stoltenhoff, T; Kreye, H
2	Material fundamentals and clinical performance of plasma-sprayed hydroxyapatite coatings: A review	Sun, LM; Berndt, CC; Gross, KA; Kucuk, A
3	The M(n+1)AX(n) phases: Materials science and thin-film processing	Eklund, Per; Beckers, Manfred; Jansson, Ulf; Hogberg, Hans; Hultman, Lars
4	Thermal barrier coatings for aircraft engines: History and directions	Miller, RA
5	Failure mechanisms associated with the thermally grown oxide in plasma-sprayed thermal barrier coatings	Rabiei, A; Evans, AG
6	Multi-principal-element alloys with improved oxidation and wear resistance for thermal spray coating	Huang, PK; Yeh, JW; Shun, TT; Chen, SK
7	Gas dynamic principles of cold spray	Dykhuizen, RC; Smith, MF
8	An analysis of the cold spray process and its coatings	Stoltenhoff, T; Kreye, H; Richter, HJ
9	Challenges and advances in nanocomposite processing techniques	Viswanathan, V.; Laha, T.; Balani, K.; Agarwal, A.; Seal, S.
10	Precipitate design for creep strengthening of 9% Cr tempered martensitic steel for ultra-supercritical power plants	Abe, Fujio ※
11	Knowledge concerning splat formation: An invited review	Fauchais, P; Fukumoto, M; Vardelle, A; Vardelle, M
12	Residual stresses in thermal spray coatings and their effect on interfacial adhesion: A review of recent work	Clyne, TW; Gill, SC
13	Room temperature impact consolidation (RTIC) of fine ceramic powder by aerosol deposition method and applications to microdevices	Akedo, Jun ※
14	Particle velocity and deposition efficiency in the cold spray process	Gilmore, DL; Dykhuizen, RC; Neiser, RA; Roemer, TJ; Smith, MF
15	From Particle Acceleration to Impact and Bonding in Cold Spraying	Schmidt, Tobias; Assadi, Hamid; Gaertner, Frank; Richter, Horst; Stoltenhoff, Thorsten; Kreye, Heinrich; Klassen, Thomas
16	Comparative investigation on the adhesion of hydroxyapatite coating on Ti-6Al-4V implant: A review paper	Mohseni, E.; Zalnezhad, E.; Bushroa, A. R.
17	Cold spray coating: review of material systems and future perspectives	Moridi, A.; Hassani-Gangaraj, S. M.; Guagliano, M.; Dao, M.
18	Thermal spray coatings engineered from nanostructured ceramic agglomerated powders for structural, thermal barrier and biomedical applications: A review	Lima, R. S.; Marple, B. R.
19	Impact of high velocity cold spray particles	Dykhuizen, RC; Smith, MF; Gilmore, DL; Neiser, RA; Jiang, X; Sampath, S
20	The dependency of microstructure and properties of nanostructured coatings on plasma spray conditions	Shaw, LL; Goberman, D; Ren, RM; Gell, M; Jiang, S; Wang, Y; Xiao, TD; Strutt, PR
21	Relationships between the microstructure and properties of thermally sprayed deposits	Li, CJ; Ohmori, A ※
22	Development and implementation of plasma sprayed nanostructured ceramic coatings	Gell, M; Jordan, EH; Sohn, YH; Goberman, D; Shaw, L; Xiao, TD
23	Environmental degradation of thermal-barrier coatings by molten deposits	Levi, Carlos G.; Hutchinson, John W.; Vidal-Setif, Marie-Helene; Johnson, Curtis A.
24	Suspension and solution thermal spray coatings	Pawlowski, Lech
25	Quo vadis thermal spraying?	Fauchais, P; Vardelle, A; Dussoubs, B
26	Thermal spray: Current status and future trends	Herman, H; Sampath, S; McCune, R
27	Effect of carbide grain size on microstructure and sliding wear behavior of HVOF-sprayed WC-12% Co coatings	Yang, QQ; Senda, T; Ohmori, A ※
28	A review of plasma-assisted methods for calcium phosphate-based coatings fabrication	Surmenev, Roman A.
29	Technical and economical aspects of current thermal barrier coating systems for gas turbine engines by thermal spray and EBPVD: A review	Feuerstein, Albert; Knapp, James; Taylor, Thomas; Ashary, Adil; Bolcavage, Ann; Hitchman, Neil
30	Tribological study of NiCrBSi coating obtained by different processes	Miguel, JM; Guilemany, JM; Vizcaino, S

※日本人著者

Web of Scienceによる"Thermal spray"で検索した出版物数6,088件のうち被引用件数上位30位まで

学術雑誌名	発行年	巻	号	開始頁	被引用数	被引用数/年
ACTA MATERIALIA	2003	51	15	4379	1002	52.74
J. BIOMEDICAL MATERIALS RESEARCH	2001	58	5	570	777	37
THIN SOLID FILMS	2010	518	8	1851	689	57.42
J. THERMAL SPRAY TECHNOLOGY	1997	6	1	35	527	21.08
ACTA MATERIALIA	2000	48	15	3963	499	22.68
ADVANCED ENGINEERING MATERIALS	2004	6	1-2	74	414	23
J. THERMAL SPRAY TECHNOLOGY	1998	7	2	205	393	16.38
J. THERMAL SPRAY TECHNOLOGY	2002	11	4	542	367	18.35
MATERIALS SCIENCE & ENGINEERING R-REPORTS	2006	54	5-6	121	344	21.5
SCIENCE AND TECHNOLOGY OF ADVANCED MATERIALS	2008	9	1		343	24.5
J. THERMAL SPRAY TECHNOLOGY	2004	13	3	337	341	18.94
J. THERMAL SPRAY TECHNOLOGY	1996	5	4	401	339	13.04
J. THERMAL SPRAY TECHNOLOGY	2008	17	2	181	319	22.79
J. THERMAL SPRAY TECHNOLOGY	1999	8	4	576	316	13.74
J. THERMAL SPRAY TECHNOLOGY	2009	18	5-6	794	308	23.69
INTERNATIONAL J. ADHESION AND ADHESIVES	2014	48		238	306	38.25
SURFACE ENGINEERING	2014	30	6	369	303	37.88
J. THERMAL SPRAY TECHNOLOGY	2007	16	1	40	301	20.07
J. THERMAL SPRAY TECHNOLOGY	1999	8	4	559	298	12.96
SURFACE & COATINGS TECHNOLOGY	2000	130	1	1	267	12.14
J. THERMAL SPRAY TECHNOLOGY	2002	11	3	365	256	12.8
SURFACE & COATINGS TECHNOLOGY	2001	146		48	254	12.1
MRS BULLETIN	2012	37	10	932	246	24.6
SURFACE & COATINGS TECHNOLOGY	2009	203	19	2807	234	18
J. THERMAL SPRAY TECHNOLOGY	2001	10	1	44	234	11.14
MRS BULLETIN	2000	25	7	17	229	10.41
WEAR	2003	254	1-2	23	220	11.58
SURFACE & COATINGS TECHNOLOGY	2012	206	8-9	2035	219	21.9
J. THERMAL SPRAY TECHNOLOGY	2008	17	2	199	219	15.64
TRIBOLOGY INTERNATIONAL	2003	36	3	181	219	11.53

超々臨界圧発電所用の耐熱鋼のクリープ強化のための析出物に関する内容で，論文を見ても溶射との関連性が見られず，なぜヒットしたか詳しく見る必要があるが，発電材料に関する論文には高い関心が寄せられることがわかる。また，明渡純氏（産業技術総合研究所）のエアロゾルデポジション（AD）法のマイクロデバイスに応用した事例を J. Thermal Spray Technology した論文が13位（被引用数319件）に入っている。明渡氏でみると，Aerosol deposition of ceramic thick films at room temperature: Densification mechanism of ceramic layers8）が一番高い被引用数379件となっており，"Thermal spray" で検索するとヒットしないので，いかに検索する用語が重要であるかがわかる。また，日本の溶射技術を牽引し，上述の C. J. Li 教授（西安交通大学）を育てた大森明名誉教授の論文が2編入っている。

4　おわりに

筆者としては，初めて Web of Science を使用して，海外の溶射関連の論文動向を調査してみた。いまだ，十分に使いこなしていないが，研究者であり論文を書く立場の筆者にはこの調査は有益で，刺激になったが，読者の皆さんにはいかがであったでしょうか。機会があれば，種々の用語を切り口にして，調査をしてみたいと思う。

参 考 文 献

1）クラリベイト・アナリティクス・ジャパン株式会社 HP：Web of Science, https://clarivate.com/ja/solutions/web-of-science/.（参照日 2021 年 9 月 20 日）

2）榊和彦：国際溶射会議 ITSC2021 に参加して，溶射技術，41，1（2021）84-87.

3）Thermal Spray 2021: Proceedings from the International Thermal Spray Conference：https://dl.asminternational.org/itsc/ITSC%202021/volume/83881.（参照日 2021 年 9 月 21 日）

4）インパクトファクターの発行元 Journal Citation Reports ™：https://jcr.clarivate.com/jcr/home.（参照日 2021 年 9 月 21 日）

5）H.HERMAN：ADVANCES IN THERMAL-SPRAY TECHNOLOGY, ADVANCED MATERIALS & PROCESSES 137, 4（1990），41-45.

6）例えば，大阪大学接合科学研究所 HP：http://www.jwri.osaka-u.ac.jp/~uhed/sip_laser/index.html （参照日 2021 年 9 月 21 日）

7）Mostafa Hassani-Gangaraj, et. al.：Adiabatic shear instability is not necessary for adhesion in cold spray, Acta Materialia, 158（2018），430-439.

8）J. Akedo: Aerosol Deposition of Ceramic Thick Films at Room Temperature: Densification Mechanism of Ceramic Layers, J. Am. Ceram. Soc., 89, 6（2006），1834–1839.

溶射業界　あの日あのとき　1983年

第 10 回国際溶射会議 ITSC'83 西ドイツで開催。（論文発表 80 件，参加者 400 名）

金属AMのいま

編集部

金属アディティブ・マニュファクチャリング（金属AM）が注目を集めている。レーザや電子ビームなど高エネルギービームを熱源に金属粉やワイヤを溶融・凝固して積層する造形法で，米国がオバマ政権時に重点開発技術に指定したことから急速に発展を遂げてきた。

溶融金属を積層させることで構造は溶射や溶接と同様のプロセスを辿る。材料の熱影響や残留応力など，これまでに蓄積した溶射の知見が生きる場面も多い。実際にコールドスプレーを厚膜で生成し，3次元的に用いる研究も進められている。

◆金属 AM の基礎

金属 AM はその造形方法や熱源によってパウダーベッド方式（PBF：Powder Bed Fusion）とデポジション方式（DED：Direct Energy Deposition）に大別される。PBF は一般的に，チャンバー内に敷き詰めた金属粉末に，レーザ（LPBF）や電子ビーム（EBPBF）を照査しながら，一層ごとに造形をする。複雑な形状の造形ができるのが特徴だが，造形スピードが遅く，チャンバーの制約から大型部品への適用が難しいといった課題がある。

DED 方式はノズルから溶融材料を噴出させるなどの方法で直接的に造形を行う手法。レーザや電子ビームの他，アークなど多様な熱源を使用でき，造形スピードが早いのが特徴だ。

近年ではアーク溶接を応用したプロセスの「WAAM」（Wire Arc Additive Manufacturing）など，溶接に近い手法も注目を集めている。従来の溶接材料が使用でき，これまでの溶接で培ったデータが生きる手法として期待されている。こうした DED 方式は大型部品に製造に適しているが，微細な造形は難しく，造形後に切削などの後加工が必要となる場合がある。

◆金属 AM の可能性と課題

金属 AM で必要な量の材料を積層することで，従来の製品と比べて大幅コスト削減が期待できる一方で課題も多い。ひとつは高額な装置価格。現状一台あたり数千万円から数億円の導入費用がかかると言われる。もう一つの課題が造形部品の強度や信頼性の確保。金属の溶融凝固による残留応力の発生から，様々な欠陥が予期される。インラインでの品質評価や非破壊検査手法の確立も求められている。

AM 特有の金属溶融現象や，特徴を生かした部品設計ができる人材が世界的に不足している。早期の技術者人材の育成が求められると同時に，これまでの溶射や溶接などの知見が生かせると金属加工の知見を持つ企業や技術者への期待も高い。さらなるブレイクスルーに向けた，国際間の競争が今後も展開される。

▲H3ロケットとLE9エンジン

▲ミシュランが製作したAM部品

◆ JAXA 次世代ロケットに採用

　欧米を中心に航空宇宙分野での金属 AM の適用が進む中，国内においても宇宙航空研究開発機構（JAXA）が，現在開発中の H3 ロケットエンジン「LE-9」のターボポンプや噴射機部品の製造に金属 AM の適用を進めている。

　JAXA は H3 ロケットの開発にあたり「ロケットの国際競争力の強化を命題とし，従来の H - ⅡA ロケットの半額のコスト」を目標に掲げる。

　複雑な形状や，溶接やろう付など高度な熟練技能が必要となる工程に金属 AM を取り入れた。三菱重工業などが AM 技術開発に関わり，併せて構造最適設計手法「トポロジー」を採用することで，従来の構造から大幅な軽量化も実現することが可能となっている。パウダーベット方式とダイレクト方式を用途によって使い分けて大型部品のマニホールドや小物部品などに適用をしている。

　これまでにエンジンの燃焼試験を重ねており，今年度中の打ち上げが予定されている。打ち上げ成功による信頼性の確保によって，さらに金属 AM が産業界に波及するかが占われるビックプロジェクトだ。

◆地域製造業飛躍の起爆剤に
　日本ミシュラン・群馬に AM 拠点

　金属 AM の適用分野として関係者から注目を集めるのが，産業の裾野が広い自動車分野である。

　自動車タイヤの世界大手ミシュランの日本法人，日本ミシュランタイヤは同社の研究拠点がある群馬県と連携し「群馬積層造形プラットフォーム」を今年 6 月に設立した。

　ミシュラングループでは，すでにタイヤの金型生産に金属 AM を採用し，タイヤの複雑な溝形状を実現するなどタイヤ性能の向上に繋げている。「2000 年代初頭に樹脂 AM を導入し，2010 年代からは金属 AM で金型を直接生産している。金属 AM を使いこなすには，技術的なスキルがあるだけではなく，『何を目的に使うのか』といった理念が重要となる」と方針を掲げる。

　今回設立したプラットフォームは，同社と群馬県の製造業企業の 8 社が参画。ジェトロの群馬センターも加わる。

　ミシュランの太田市の研究施設「太田サイト」内にアダップ社のレーザ方式パウダーベッド装置を設置。プラットフォーム所属企業に対して，装置や金属 AM に関する教育プログラムも開放し，群馬地域の新たな産業拠点創出を目指す。

　こうした取り組みは，全国的に広がりつつあり，近畿経済産業局が「Kansai—3D 実用化プロジェクト」を推進するほか，宮城県も県内企業に対して金属 AM 装置の利用補助金制度を行うなど，地域経済やものづくり産業発展の起爆剤としての可能性を秘めている。

◆中小ジョブも投資

　中小企業においても金属 AM を先行投資として導入しビジネス拡大につなげる取り組みがでてきた。レーザ加工に強みを持つジョブショップのパパス（神奈川県相模原市，松本仁志社長）は，2019 年に同社上溝工場に，独 SLM 社製の金属 AM 装置「SLM280HL」を導入した。同社は先端技術を積極的に導入し，蓄積した知見を武器にコストを回収する先行投資型のビジネスモデルを持つ。今回も 1 億円以上の投資を行った。導入後の 18 ヵ月で 200 個以上の試作を造形してデータを収集。同社システム担当の松本拓之氏は「金属 AM 装置で製造した部品は，従来工法より高額になりコストが合わなくなるのは明白だ。そのため 1 部品であっても，数個のパーツに分けて考え，プレス部品・AM 造形部品など複数個を溶接接合して 1 部品にする。既存技術では製造することができない形状を加工する時だけ金属 AM 装置を使用することで極力コストを抑えることが大切」と語る。

◆ 「AMならでは」の設計が必要

　3D積層造形技術委員会（AM委員会）が日本溶接協会の技術委員会として昨年7月立ちあがった。金属AMの実用化に向けて課題を抽出し，各社の保有技術にフィードバックをすることで国内のAM産業の底上げを図る。現在，重工，自動車，装置・材料メーカーなど41社・団体，2大学で構成され，金属AMに関する多様な活動を展開する。平田好則委員長（大阪大学）に活動の状況と国内金属AMの動向について話を聞いた。

　近年ものづくりの在り方がDX化をはじめとして大きく変わってきた。設計から製造までAIやシミュレーションを活用しながら，様々な事象がつながることで新たな価値を生み出そうとしている。金属AM技術もこうした大きな流れのなかにある技術だと捉えている。

　金属AM委員会は，重工や電機，自動車といったエンドユーザと装置，粉末・ワイヤ，ガス，受託加工会社が，金属AMの実用化に向けた課題について意見交換や共同研究などを通じて基盤を構築し，AM技術の国際競争力を高めることを目的に昨年，設立した。会員数も増加傾向にあり，現在41社・団体が参加している。今年に入りシンポジウムも開催し一般への情報発信も行っている。

　金属AMは粉末やワイヤ材料を溶融させて堆積，凝固という溶接と近いプロセスであり，これまで長年溶接で培ってきた基礎的な原理から加工技術での知見，施工管理手法など多くの蓄積が生きる分野だ。国内での実用化として宇宙航空研究開発機構（JAXA）のH-ⅡA後継機となるH3ロケットのエンジン「LE-9」のいくつかの部品に金属AMが採用されている。ロケットの製造工程を減らすことができ宇宙開発分野としては大幅な低コスト化を達成している。今後は航空宇宙産業のような原料価格の高い材料を用いる産業分野から，すでに一部でははじまっているが，自動車や部品産業のような一般的な産業用途へも実用化が広がると考えている。

　現在の金属AMはレーザや電子ビームを熱源としたものから，アークを利用したWAAMの研究や応用事例も増えており，より溶接に近いプロセスとして溶接機や材料メーカーからの注目も高まっている。

　今後は従来の溶接からの置き換えでなく，AMならではの設計や「レシピ」と呼ぶ造形法の確立が重要となる。例えば熱交換器の伝熱効率を高めるため，流路設計を「トポロジー最適化」と呼ばれる手法を用いると，従来の熱交換器の構造とは全く異なる流路となり，3次元造形が

▲日本溶接協会・3D積層造形技術委員会
委員長　平田 好則 氏（大阪大学）

可能なAM技術でしか作製することができない製品開発につながる。溶接や切削など従来の加工方法では考えもつかないような形状を実現できるのが金属AMの大きなメリットだ。

　ただ現状の金属AMでは，溶接のような施工条件と造形物の品質性能の相関が十分につかめていない。またインプロセスでの制御や，アークを用いるWAAMによる直接造形を行う場合のロボットの性能，オペレーターに必要なスキルなど施工管理に関することも重要となる。造形後の非破壊検査も超音波やRT，エックス線CTなどが想定されているが，こうした品質管理体制を構築することが実用化においては重要となる。

　また実用化の現場では設計部門のAM技術者と溶接の知見を持った技術者が企業内も乖離している状況がある。これまでの部署の枠組みを超えた体制を企業内で構築するといったことも重要だ。

　現在，金属AM委員会ではAM造形物の疲労特性など3つのテーマでワーキンググループが立ち上がり活動をしている。研究成果や機密事項の取り扱いなど，委員会の運営方法についてもこの一年で討議を重ね進めてきた。国際会議や学会でも金属AMは重要なテーマとなっている。来年7月に東京で開催されるIIW（国際溶接学会）年次大会では国際ウエルディングショーとのコラボ展示を計画している。

　これまでコロナ禍の中，リモートでの活動が多かったが，活発な議論が行われている。委員会活動を通じて産官学のプラットフォームを形成し，国内のAM技術を向上させるために活動を展開していく方針だ。

▲AM装置と高野氏

◆ AM 事業 30 年の積み重ね

SOLIZE（ソライズ，東京都千代田区，宮藤康聡社長）は 1990 年に設立し，ラピッドプロトタイピングで知られていた技術を日本で初めて事業化。まもなく米 3D システムズ社の代理店も担うようになった。2 次元図面を 3D データに変換するモデリング，3DCAD を用いた設計，解析，造形後すぐに試験検証が可能な AM 技術，そしてモデルベースシミュレーションなど，多岐にわたるサービスを一連の事業展開プロセスで提供してきた。

2015 年にオープンした横浜工場（横浜市都筑区）に，3D システムズ社の ProX300 が稼働。他にも多数の実機を保有して試作を請け負うサービスビューローだが，同社デジタルマニュファクチャリング開発統括部の高野学統括部長は「顧客の開発に沿った AM 設計と試作評価が柱。ユーザーが内製化する場合は装置販売も行う。現在の AM はシミュレーションと融合も進むが，デジタルによる効率の高いものづくりという基本は 30 年前から変わらない。金属 AM は溶接や粉末冶金など多様な側面から注目されている」と語る。

金属 AM は「夢のような装置」という期待がかかるが，コストや納期，信頼性の確保の課題があり，ギャップを埋めるため「実践するなかで現象をとらえ，技術を使いこなして再現性を担保する。事例ではエミッション規制が強まる自動車の排ガス測定で，エグゾーストの形状やセンサの位置を変えるためのパーツを短納期で造形するなど，航空や防衛産業などのハイエンドなパーツから，顧客の要望に即した材料の造形で普及を試みている。実績がない材料は不安だが，特性や工法に合わせたものづくりを心掛けるなか，フェライト系ステンレス SUS430 は珍しい事例として取り上げられるなど成果も出ている」。

また入り口一つに出口が複数という内部に流路を擁するパーツは AM で容易に造形ができる。エアを内部に流して切粉やスパッタを排除する機能を持たせた場合，例えばドリルで切削した場合との性能差などが議論となり，出来上がったパーツを前にしても，なお導入が進まないケースが多々ある。解析も本業である同社はシミュレーションで可視化し，そのような状況への対応も整えている。高野氏は「30 年のノウハウの積み重ねがあり，ユーザーはそこを有効利用してもらえれば」と語る。

秋季大会で金属 AM セッション　　　　　　　　　　　　　日本溶射学会

日本溶射学会は，11 月 11 日・12 日の両日，秋季全国講演大会をオンラインで開催する。大会 2 日間を通じて「金属積層造形と溶射」をテーマとしたオーガナイズドセッションを行う。最近の金属 AM の動向から溶射技術との関わりなどを大学や企業の研究者，技術者が解説し，受講者とともに議論を深める。講演内容は次の通り（敬称略）

11 日　▽金属積層造形技術の最新動向と今後の展開（近畿大学・京極秀樹）▽溶射による金属積層造形（信州大学・榊和彦）
　　　　　▽金属積層造形を活用する新材料とその造形技術の開発（日立金属・太期雄三）

12 日　▽表面改質技術としての金属積層造形―レーザコーティング技術（大阪大学・塚本雅裕）

デジタルトランスフォーメーション(DX)による 生産革命と3D積層造形技術 —日本溶接協会の取組み紹介をあわせて—

平田　好則

大阪大学国際共創大学院 学位プログラム推進機構　大阪大学名誉教授

1　はじめに

　周知の通り,　SDGs(Sustainable Development Goals)は2015年9月の国連サミットにおいて「持続可能な開発のための2030アジェンダ」が採択され,　先進国を含む国際社会全体の開発目標として,　2030年を期限とする包括的な17の目標である。その中の気候変動やエネルギー,　生産・消費は地球温暖化防止に向けた目標であり,　具体的にはパリ協定として2016年に発効した。パリ協定は地球温暖化防止を目指して,　温室効果ガスの排出について,　2020年以降の各国の取り組みを決めた国際ルールであり,　2016年11月に発効した。

　産業革命前からの地球の気温上昇を1.5〜2℃までに抑えることを目標に,　世界各国に対して,　温室効果ガスの削減への具体的道筋を示すことを求めている。日本の目標は,　これまで2030年度の温室効果ガスの排出を2013年度の水準から26%削減することとしていた。実際,　日本の排出量は毎年,　着実に低減してきているが,　COP25(2019年)において海外の環境NGOから先進国としての消極的な姿勢が批判された。

　日本政府は2020年10月に「カーボンニュートラル2050」を宣言し,　引き続いて,　「2050年カーボンニュートラルに伴うグリーン成長戦略」を策定し,　「2030年度の温室効果ガスの排出を2013年度の水準から46%削減

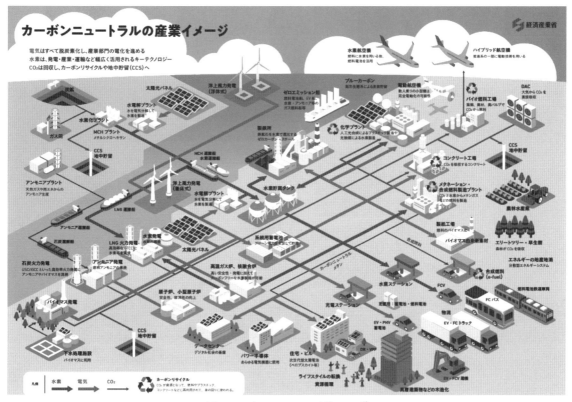

図1　カーボンニュートラルの産業イメージ[2]

する」というチャレンジングな政策目標を設定した[1]。この目標達成には，民生，産業，運輸，電力のあらゆる業界が積極的に新しい技術を開発・導入することが必要であるが，従来技術の効率化につながる劇的な改善が求められる。

具体的には，**図1**[2]（前ページ）に示すように電力分野においては火力発電の燃料を石炭などから水素やアンモニアへの移行，太陽電池のさらなる拡大とともに洋上風力発電など再生可能エネルギーの大幅な普及，安全な小型原子炉や核融合発電の実用化などが課題となる。産業・運輸分野では，コークスを使用しない水素還元製鉄の実用化，輸送機器分野ではEV（電気自動車）やFCV（燃料電池自動車）の普及拡大，インフラ設備としての充電ステーションの拡充，ゼロエミッション船や電動航空機，水素航空機などの開発・実用化などが課題となる。

これらの課題を解決するためには，あらゆる分野でモノづくりのあり方を総合的に見直す必要がある。なかでも技術を定量化することで，生産の効率化とともに新しい価値の創出につながるデジタル化について考え，その典型的な技術の一例として，3D積層造形技術に関して日本溶接協会の取組みを紹介することにした。

2 モノづくりのデジタル化

2017年3月，わが国の産業が目指すべき姿として"Connected Industries（コネクテッドインダストリーズ）"というコンセプトが提唱された[3]。"Connected Industries"とは，データを介して，機械，技術，人など様々なものがつながることで，新たな付加価値の創出と社会課題の解決を目指す産業のあり方である。このコンセプトを具体化する上でカギとなるのは，IoTやAI（人工知能）をはじめとする最新のデジタル技術である。このようなデジタル技術は，製造業に大きな変革DX（デジタルトランスフォーメーション）をもたらす。

生産工程には研究開発－製品設計－生産準備－製造などが上流から下流までつながっている「エンジニアリングチェーン」がある。本誌読者はエンジニアリングチェーンにおける製造工程に携わっておられる方が多くおられると推察している。とりわけ，溶接接合技術は図2に示すようなアッセンブリ（組立て）方式のモノづくりの工程の1つとして位置付けられている。アッセンブリ方式のモノづくりは広く定着しており，素形材の調達から，成形加工，開先成形，溶接施工，熱処理，機械加工，塗装などから成る工程から構成されている。

溶接プロセスは材料局部に熱を集中させ，溶かしてつなぐ技術であり，溶接部は製品の一部となる。したがって，溶接部が受ける荷重や環境負荷などは母材並みを想定する必要がある。しかし，急速な加熱・冷却は溶接部の強度や耐食性などを劣化させ，同時に変形や残留応力発生の原因にもなる。この溶接プロセスに内包する不完全性は，世界的にも共通の認識がなされており，技術者・技能者の知識や技量，経験による施工管理に加えて，放射線や超音波などによる非破壊検査を通して，継手部の信頼性を確保している。

図3に溶接施工要領書（以下，WPS：Welding Procedure Specification）の例[4]を示す。このWPSに規定されている母材の種類，板厚，開先形状において，溶接法を選択して溶接ワイヤの種類・径，溶接電流や溶接電圧，溶接速度などを記載された条件範囲内で施工す

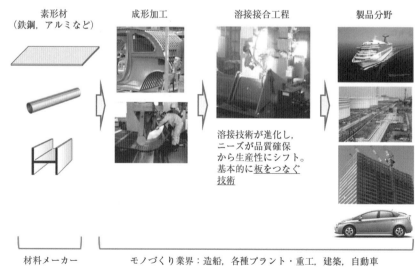

図2　アッセンブリ（組立て）方式

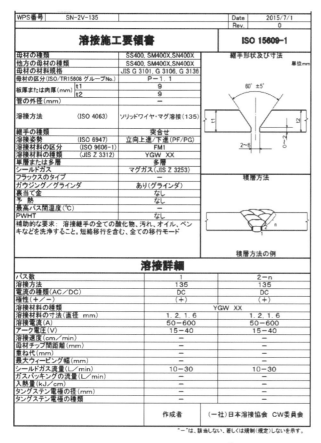

WPS番号	SN-2V-135			Date	2015/7/1
				Rev.	0

溶接施工要領書　ISO 15609-1

母材の種類	SS400, SM400X, SN400X
他方の母材の種類	SS400, SM400X, SN400X
母材の材料規格	JIS G 3101, G 3106, G 3136
母材の区分(ISO/TR15608 グループNo.)	P-1.1
板厚または肉厚(mm) t1	9
t2	9
管の外径(mm)	－
溶接方法　(ISO 4063)	ソリッドワイヤ・マグ溶接(135)
継手の種類	突合せ
溶接姿勢　(ISO 6947)	立向上進/下進(PF/PG)
溶接材料の区分　(ISO 9606-1)	FM1
溶接材料の種類　(JIS Z 3312)	YGW XX
単層または多層	多層
シールドガス	マグガス(JIS Z 3253)
フラックスのタイプ	－
ガウジング/グラインダ	あり(グラインダ)
裏当て金	なし
予　熱	なし
最高パス間温度(℃)	－
PWHT	なし
補助的な要求: 溶接継手の全ての酸化物、汚れ、オイル、ペンキなどを洗浄すること。短絡移行を含む、全ての移行モード	

溶接詳細

パス数	1	2-n
溶接方法	135	135
電流の種類(AC/DC)	DC	DC
極性(+/－)	(+)	(+)
溶接材料の種類	YGW XX	
溶接材料の寸法(直径　mm)	1.2, 1.6	1.2, 1.6
溶接電流(A)	50-600	50-600
アーク電圧(V)	15-40	15-40
溶接速度(cm/min)	－	－
母材チップ間距離(mm)	－	－
重ね代(mm)	－	－
最大ウィービング幅(mm)	－	－
シールドガス流量(L/min)	10-30	10-30
ガスバッキングの流量(L/min)	－	－
入熱量(kJ/cm)	－	－
タングステン電極の径(mm)	－	－
タングステン電極の種類	－	－
	作成者	(一社)日本溶接協会 CW委員会

"-"は、該当しない、若しくは規制(規定)しないを示す。

図3　溶接施工要領書(WPS)の例[4]

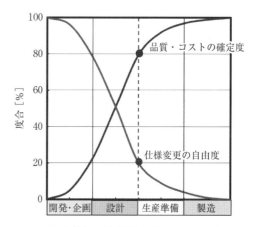

図4　仕様変更の自由度と品質・コストの確定度
（参考文献[5]の図0-4 を参考に作図）

ることが必要とされる。これは製造時の溶接熱サイクルによって、入熱量や冷却速度が局所的に異なることから、母材熱影響部（HAZ）や溶接金属のミクロ組織をコントロールするために行うものである。したがって、溶接施工中には適宜、電流・電圧や溶接速度のモニタリングを実施することで、溶接結果の品質を確認することができる。

　WPS の根拠は、あらかじめ試験板を用いて、溶接施工法承認試験を実施していることにある。すなわち、その試験板から様々な試験片を取り出し、引張強度や伸び、じん性などの機械的性質や腐食減量などが、製品に要求される性能をクリアできているかを確認していることであり、その記録を Procedure Qualification Record の頭文字をとって PQR と呼ぶ。WPS を遵守することが溶接部の品質確保には必須となる。

　溶接工程を含む製品各分野においては、これらのWPS/PQR が蓄積されており、データベース化されているはずである。このデータベースは各社の先人から受け継がれた財産であり、このデータベースの整備と社内でいかに効率よく共有するかが DX への取組みの第一歩と考える。

　次に、溶かしてつなぐ溶接技術では、溶込み不良やブローホール、割れなどの溶接不完全部あるいは溶接欠陥が施工中に生じることが多々ある。これは溶接条件の設定間違いやアーク狙い位置などを原因とするもので、これら溶接欠陥は応力集中や繰返し荷重の亀裂発生源にもなり、予期せぬ事態につながることになる。そのため、超音波や X 線などを用いた非破壊検査が行われ、必要な場合、欠陥除去が実施される。

　この 10 年ほどの間に、様々なセンサやカメラが開発・商品化され、併せて、画像処理技術が飛躍的に向上したことにより、用途に応じて溶接線識別や溶融池観察が可能となり、施工時の欠陥検出・モニタリングが進展した。これらの施工中モニタリング技術と WPS/PQR の有機的な連携の実現が DX の喫緊の課題と考える。

　上述してきたことは製造工程のなかの溶接工程に限られた課題であるが、モノづくりのキーとなるのは顧客が満足する性能・品質・価格の製品を供給できるかである。図 4 は仕様変更の自由度と品質・コストの確定度を示したものである[5]。日野によると、製品開発が進むにしたがって製造設備などが確定していくため、仕様変更の自由度は低下し、設計が完了した後の仕様変更の余地は極めて限定的なものとなる。その結果、仕様変更の自由度が高い設計段階で、製品の品質とコストの 8 割程度が決まることになる。このため、できるだけ開発の初期段階に資源を集中的に投入することによって、問題点の早期発見や品質向上、後工程での手戻りによるムダを少なくすることになる。

　本章では溶接技術における喫緊の課題として、各社保有の PQR によって裏付けされている WPS のデータベース化を挙げた。おそらく、すでに多くの事業所や工場で実施されていると思われるが、筆者は図 5 に示すよう

に従来のデータベースに加えて，新規材料の開発にともなう接合方法の選択なども視野に入れておく必要があると考えており，シミュレーションベースの意思決定ツールが必要になると考えている。さらに，シミュレーションツールの精度にもよるが，AI による補完機能は不可欠と考える。これを上流にある生産準備や製品設計との効果的なデジタル連結が，各社独自の DX 化を進めることにつながると考えている。

3 3D 積層造形技術

3D 積層造形技術（以下，AM［Additive Manufacturing］技術）では，レーザやアーク，電子ビームを熱源として，構造体を一層ずつ積み上げ，造形する製造方法である。図6 (a) に示すように，直径 $30 \sim 50 \mu m$ 程度の粉末を敷きつめ，造形体の要素となる部分だけを選択的に溶融凝固させる方式を PBF（Powder Bed Fusion）と呼ぶ。レーザ熱源で溶融させる場合を PBF-L，電子ビームの場合，PBF-EB と呼ばれる。したがって，造形精度は粉末サイズとなり，精密な構造体を作製できる。一方，図6 (b) (c) に示すようにレーザやアークで粉末やワイヤを溶融させて，肉盛り方式で材料を積み上げ

ていく方式を DED（Direct Energy Deposition）と呼ぶ。

図6 (c) に示すワイヤ供給方式 DED においては，溶接プロセスにおいて一般的に利用されているミグアークを利用し，ワイヤ・母材間に発生させたアークを熱源として活用する方式が拡大普及しており，WAAM（Wire Arc Additive Manufacturing）と呼ばれ，従来の溶接ロボットと組合せて，舶用スクリューや橋梁など大型構造物への適用が行われている[6]。

金属 AM 技術は 2000 年代初めから欧米で研究開発が進められ，とりわけ，航空宇宙分野への適用がミサイルや戦闘機など軍事用から始まり，一般民生用への実用化に転用されてきた。具体的にはロケットエンジンやジェットエンジンの部品や燃料タンクなどで実用化されている。

AM 技術は CAD/CAE により設計された 3D データに基づいて，造形するため，アッセンブリ方式のモノづくりとは異なり，素形材からの切断加工や成形加工，開先加工，仮組立てなどの工程が不要となり，一気に仕上げ工程もしくはニアネットシェイプまでに進めることができる。したがって，AM 技術自身の造形精度や生産性によって，製品の性能・品質・コストを大きく支配する。このことから，図4 に示したように設計段階が大きな役割を果たすことになる。

図7 は熱交換器の伝熱効率を高めるため，熱流体が移動する流路形状・寸法をトポロジー最適化によって，数値計算により求めた例である[7]。汎用的に使用されているシェルアンドチューブ方式とは，まったく異なる断面形状をしており，AM 技術ならでは製作できる構造体である。流路形状の寸法や複雑さから，AM 方式としては PBF が適しているとされる。一方，図8 は航空機機体の軽量化を目的に，トポロジー最適化によって，部材配置した例である[8]。現行の補強材として使用されているフレームやストリンガーに代えて，胴体を網目状に

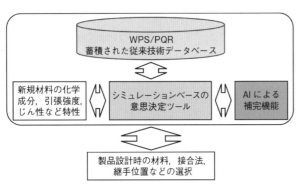

図5　WPS意思決定ツールの構成

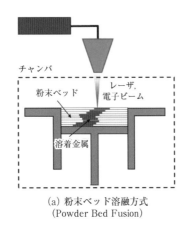
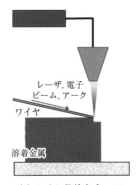

(a) 粉末ベッド溶融方式　　　　　(b) 粉末供給方式 DED　　　　　(c) ワイヤ供給方式 DED
（Powder Bed Fusion）　　　　（Direct Energy Deposition）　　　（Direct Energy Deposition）

図6　AMプロセスの模式図

最適化構造　　　　　速度分布　　　　　温度分布
（黒：固体　白：流体）

図7　熱交換器の性能向上の設計例[7]

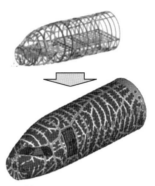

（a）トポロジー最適化による　　　　（b）WAAMで試作された
　　　機体構造　　　　　　　　　　　　機体の一部

図8　トポロジー最適化による機体軽量化とWAAMによる試作[8]

表1　AM技術委員会における共同研究

共同研究WG	AMプロセス	テーマ名	研究内容（2021年度）
WG1 （三菱重工/IHI）	PBF-L PBF-EB	AM合金の疲労特性に及ぼす影響因子の調査（案）	粉末性状（酸素濃度,粒度,リサイクル回数）をパラメータ,L/EB-PBFにより造形体（丸棒疲労試験片）を作製,疲労試験
WG2 （三菱重工）	ワイヤDED （レーザ,アーク）	チタン合金ワイヤによるDEDの研究（案）	単純ブロック積層を対象 －ワイヤDEDの適切な施工条件と造形体機械的特性（粉末プロセスとの比較 －シミュレーションモデルの構築
WG3 （日立）	PBF-L	造形プロセスと造形体品質の相関についての研究（案）	（1）プロセス－組織－特性等のDB構築 （2）欠陥発生メカニズムの解明 モニタリングデータとX線CTなどによる内部欠陥など品質データをAIなどを使用し,材料・造形プロセスと品質の相関を明らかにする。

補強する構造となっている。製品サイズが大きいため，WAAMで胴体の試作されており，計算上，アルミ製の胴体で約50%の軽量化が可能とされている。

しかし，AM技術においては溶接技術におけるWPS/PQRに相当するAM施工条件と造形物の品質性能との関係が十分つかめていない。AM技術ではレシピと呼ばれる粉末やワイヤ，AM装置の違い，入熱量，熱源移動速度などのパラメータが多く，その造形物のミクロ組織や機械的性質などのデータベースも十分に整備されていない。発展途上にある技術の場合,リスク分散も含めて，産学が共同して基礎的なデータベースを作成し，共有することで，技術開発を加速することになる。

4　日本溶接協会の取組み

AM技術は実用化に至るまで研究開発すべき項目が多くあるが，ポテンシャルが高い技術であり，国内でも重工3社が早くから研究開発に取り組んできている。しかし，いずれも各社単独での開発であり，欧米に比べて製品への適用が大幅に遅れている。そこで，2019年に重工3社が中核となり，多くの業界と連携できる技術委員会を設立すべく準備会を設置し，会合を重ねた。そして，

効果的にAM技術を拡大・普及するために，製品メーカーとして電機メーカーや自動車メーカー，熱交換器メーカーなどを加え，粉末・ワイヤメーカーや装置メーカー，ガスメーカー，試験検査機器メーカー，受託加工などサービスビューロなどサプライチェーンをカバーするような形の委員会として2020年度から「3D積層造形技術委員会（AM技術委員会）」として活動を開始した（現時点での加盟企業・団体数は40）。

コロナ禍のため，第1回の委員会からWEBとのハイブリッド会合となったが，社内におけるAM技術の有用性に対する懐疑的な見方やAM技術を踏まえた設計人材の不足など，各社の事情が率直に伝えられた。それがキッカケとなり，第2回以降の委員会ではWEBを通してではあるが，"ざっくばらん"な雰囲気で意見交換することができている。現在，国内のAM技術力を向上するために,産−産−学のプラットフォームを形成し，共同研究をすることで，共通基盤的な技術を委員会内で共有する仕組みを作りつつある。**表1**に示すような共同研究テーマをスタートする。共同研究はWG（ワーキンググループ）として，研究を実施するプレイヤーと各WGの研究を支援するサポータから構成されている（表

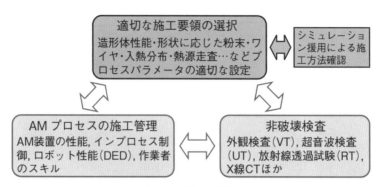

図9　AM 技術の品質管理

内の企業名は WG 主査）。そして，WG メンバーの各社が研究費用を分担し，産−産−学で推進し，研究成果を委員会内で共有することにしている。

5　おわりに

　すでに述べてきたように，欧米・中国をはじめ，AM 技術は産官学が一体となって，あらゆるモノづくり分野を対象として，実用化に向けた研究開発が推進・実施されており，数多くの研究者・技術者が様々な失敗を繰り返しながら前進している。いま，わが国は金属 AM 技術の黎明期を迎えているが，DX の究極とも言える設計−製造が直接につながる AM 技術を次代のモノづくりの手法として，着実なものにするためには，機械や情報，材料，溶接など多様な専門性をもつ多くの人材を投入する必要がある。試作用として導入した AM 装置を実機製作用にグレードアップするためには，**図 9** に示す品質管理体制をいかに築いていくかがキーとなる。

　これには，各社組織において AM 技術担当者という枠組みを超えた人員配置や開発体制など，ドラスティックな取組みを実施する必要があると考えている。今後，環境問題がクローズアップされるなか，新機軸の製品を世界に送り出すことができるような技術力の涵養と同時に国際競争力の強化に向けた仕組みづくりが問われている。

参　考　文　献

1）経産省 HP：2050 年カーボンニュートラルに伴うグリーン成長戦略（2020.12.25）

2）経産省 HP：広報資料① 「カーボンニュートラルの産業イメージ」

3）経産省 HP：「Connected Industries」東京イニシアティブ 2017

4）日本溶接協会 HP：ISO9606-1 に基づく溶接技能者評価試験

5）日野：エンジニアリング・チェーン・マネジメント，日刊工業新聞社

6）平田：マルチマテルアル化の進展と溶接・接合技術の多様化，溶接技術 2020.6, pp.54-60

7）K. Yaji, et al.：Int J Heat Mass Trans, 81, pp.878–888, 2015

8）D.Desgaches, F.David：Disruptive fuselage study by Topological Optimization & Additive Manufacturing, ICWAM 2019

AMならでは材料の開発と AMソリューションの提供

大坪　靖彦

日立金属㈱ 金属材料事業本部 AMソリューションセンター

1　はじめに

　モノづくりのデジタル化に伴い，設計データ（3D-CAD）を直接入力して部品を得る積層造形（以下AM：Additive Manufacturing）技術への注目が高まっている[1-3]。欧米では，先進的な企業を中心に金属のAM部品を本格導入するため，高品質化への取り組みおよび造形レシピの収集によるノウハウの蓄積を加速化している。これに対し，国内では製品の試作まではおこなう企業が増加しているものの，実製品化・量産化に向けては，ほとんど進んでいないのが現状である。わが国でAMが浸透しない理由は，高品質要求に加え，器用なモノづくりが得意な国民性に起因しており，器用に設計／製造された既存の部品をそのままの材料，形状，品質で置き換えようと固執し，その結果AMは高価と思い込んでいるからである。実際に，欧米ではAMの利点は自由設計と認識し，DfAM（Design for Additive Manufacturing）に関する取り組みや，設計ソフトメーカーが急増している。新しい設計で新たな価値を付加した部品が中心になってきており，DfAM⇒DfAV（Design for Additive Value）である。ここでいう価値とは，部品一体化や機能向上，軽量化，寿命延長など部品そのもの以外に，工程短縮，納期のコスト低減も含まれる。すなわち，単に部品の製作費用だけでなく，倉庫保管の運営費，作業待ちの人件費，部品点数減による検査工数，効率向上による設備メンテナンス時間の短縮なども含めて総合的なコスト評価にて価値を判断する必要があり，この認識の元で取り組む姿勢の差が欧米とわが国のAMの浸透の差となっていると思われる。

　加えて，AMが浸透しないもう一つの理由は，既存材料に拘り過ぎているところである。鋳造材や鍛造材の材料を積層造形して，鋳造材や鍛造材との比較をおこなっているケースが多くみられる。AMは新たな工法であり，既存の材料に拘らずに，鋳造材や鍛造材同様にAM専用の材料を市場投入することが重要と考える。

2　「AMならでは材料」の 　　開発と市場投入

　AMで用いる金属材料は，工具鋼やステンレスなどの鋼材やニッケル基合金，チタン合金，アルミニウム合金など多岐に渡り[1, 2, 4~9]，既存の合金については同じ材料の鋳造材と同等以上の材料特性を実現しつつある。このような造形品質の向上により，航空機エンジン部品やガスタービン部品，レース用自動車部品などへの金属AM部品，金型部品などへの適用が国内外で進められている。一方，とくに強度，耐熱性，および耐食性を要する部位へのAMの適用については，他工法で使用されている既存材料の適用では材料特性が不十分な場合もあり，さらなる特性改善が求められている[10]。

　このような材料への要求に対し，AMのプロセスの特徴を活かす新たな「AMならでは材料」の開発が必要である。とくに収束熱源を用いるPBF（Powder Bed Fusion）では0.1 mm前後の微小な熱源を1,000mm／秒オーダーで高速に走査することで粉末を溶融，凝固する。このような溶融形態は従来の鋳造材料や鍛造材料とは大きく異なり，この特異な熱履歴を活かす材料提案が望まれる。

2.1　高強度高耐食 MPEA の適用

　このAMの特性を活かす「AMならでは材料」として，強度と耐食性能を併せもつMPEA（Multi-Principal-Element Alloy）の適用を検討した。

　高強度高耐食を有する新合金設計に関して，5種以上の元素を同程度含む合金として定義され，過半を占める主要元素が存在しないことが特徴であるハイエントロピー合金[11~15]の材料設計コンセプトに着目した。これらのなかで，高強度高耐食材としてCoCrFeNiTiMo系を選択し，MPEAとしてSLM（Selective Laser

Melting）に適用した[16,17]。この評価に際し，原料粉末は，真空ガスアトマイズ法で得た原料粉末を使用し，SLM造形装置として独EOS社のM290を用いて，断面の欠陥面積率が0.1％以下となる造形条件を見出し，角型試験片（10 × 10 × 10mm^3），棒状試験片（15 × 15 × 65mm^3）を作製した。造形後の試験片には溶体化処理を施した。溶体化処理はその後の冷却方法に応じて，空冷処理と水冷処理には雰囲気炉を，窒素ガス冷却処理にはガス冷却設備を有する真空炉を用いた。また，比較材として同組成のアーク溶解材（50 × 80 × 18 mm^3）を作製した。

原料粉末は真空ガスアトマイズ法で得られた球状粉末であり，SLMにおける粉末供給で必要となる流動性を有していた。また，原料粉の粒径はD10=19.5 μm，D50=35.5 μm，D90=53.8 μmであり，粒度範囲は10〜70 μmでSLMに適合していることを確認した。また，原料粉および造形体の組成は，開発材の狙いとするCo$_{1.5}$CrFeNi$_{1.5}$Ti$_{0.5}$Mo$_{0.1}$の組成と合致した（**表1**）[16,17]。SLMプロセスにおけるレーザ出力とレーザ走査速度を調整して，断面の欠陥面積率が0.1％以下となる造形条件を見出し，試験片を作製した。

上記で作製した試験片のSEM像と元素マッピングを図1に示す。これより，アーク溶解材には，偏析によるCr欠乏部があるのに対して，SLM造形材には偏析や粗大な析出物などの局在部がないことが判る。また，**図2**はSLM材のSTEM-EDS（Scanning Transmission Electron Microscopy – Energy-Dispersive X-ray Spectroscopy）によるNi元素分布像を示すが，造形後の溶体化処理により，規則相から成る微細析出物を生成することが判った[16,17]。

また，SLM材とその溶体化処理材，アーク溶解材について室温（295K）にて引張試験をおこなった。代表的な試験片の結果を**表2**に示す。アーク溶解材は低い応力で破断に至ったが，SLM材ではいずれも1,000MPa以上の強度と15％以上の破断伸びを示した。引張強度と前述した微小析出物の大きさには相関があり，析出物が大きく成長する空冷材，窒素ガス冷却材で引張強度は大きい値となった。一方，破断伸びについては水冷材の方が優れた結果を示した。また，窒素ガス冷却材については空冷材と同程度の強度を有しつつ，破断伸びが20％以上に改善されることが分かった。造形方向に対する異方性を確認するため，試験片の長手方向をX方向（造形装置横方向），Y方向（造形装置奥行き方向），Z方向（積層方向）の3方向に分けて造形した（各N =

表1　粉末と造形物の組成

wt%	Co	Ni	Fe	Cr	Ti	Mo	O
目標	27.8	27.7	17.6	16.4	7.5	3.0	─
粉末	28.0	27.2	17.3	16.9	7.6	3.1	0.031
造形物	27.5	27.7	17.4	16.8	7.6	3.0	0.045

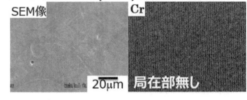

図1　試験片の材料組織

図2　SLM材の溶体化処理前後のミクロ組織

表2 SLM材の特性

		Co$_{1.5}$CrFeNi$_{1.5}$Ti$_{0.5}$Mo$_{0.1}$					Alloy718
		アーク溶解	SLM				鍛圧
		−	−	溶体化処理 ※1			時効処理 ※2
				水冷	空冷	窒素ガス冷	
引張特性	0.2%耐力(MPa)	743	888	888	939	961	1,169
	引張強さ(MPa)	932	1,225	1,345	1,474	1,508	1,321
	破断伸び(%)	4.0	22	29	17	21	27
シャルピー衝撃値(J/cm^2)※3		4.4	44.5	90.7	37.3	33.7	・90
孔食電位(V vs. Ag/AgCl)※4		0.50	0.83	0.94	0.82	0.79	0.62
5%沸騰硫酸減肉速度(g/m^2·h)		3.66	0.95	0.92	0.70	0.63	1.16

※1 溶体化温度:1,398K　※2 溶体化 1,253K,時効処理 991K-8時間,894K-8時間
※3 Vノッチ試験,[JIS-Z2242]　※4 V$_{C100}$,測定液:353K,3.5%NaCl　※5 48時間の浸漬後に取得

表3 各種酸溶融液中での腐食速度
[沸騰条件下, mm/year]

水溶液	濃度,wt%	Ni-19Cr-19Mo-1.8Ta	ハステロイ®	SUS316L
塩酸(HCl)	1	0.01	0.45	24
	2	0.05	1.41	51.2
	5	1.15	4.00	199.3
	10	3.08	4.80	>300
硫酸(H$_2$SO$_4$)	10	0.04	0.68	69.4
	20	0.10	0.80	−
	40	0.30	1.70	>300
硝酸(HNO$_3$)	10	0.09	0.25	0.01
	65	16.5	23	1.9
酢酸(CH$_3$COOH)	99	0.006	<0.01	0.03
ASTM G28 Methnd A	※1	2.14	6.79	−
ASTM G28 Methnd B	※2	0.39	1.00	38.1

※1 50% H$_2$SO$_4$ + 42g/l Fe$_2$(SO$_4$)$_3$　※2 11.5% H$_2$SO$_4$ + 1.2%HCl + 1%FeCl$_3$ + 1%CuCl$_2$
注記)ハステロイ®は,米ヘインズ社の登録商標

3)。各試験片をベースプレートから切断して真空炉で1,393Kに昇温して溶体化した後に急冷した。この各方向に造形した試験片より得た引張特性を評価し, X, Y, Zの各方向に対して異方性は見られず, 得られた積層造形材が安定した機械的特性を有することを確認した。

次に, 開発材は腐食性の高い雰囲気に用いることを想定していることから, 高腐食環境下に用いる材料の代表的指標として, 高温塩水 (353 K, 3.5%NaCl) 中の分極曲線および5%沸騰硫酸中の減肉速度をアーク溶解材およびAlloy718鍛圧材と比較評価した。これらの結果を表2に示す。試料電位の増加時に腐食電流密度が急増する電位で表される孔食電位はいずれも 0.80V vs. Ag/AgCl以上の高い値となった。5%沸騰硫酸中の減肉速度においても優れた値を示した。

以上, 今回開発した Co$_{1.5}$CrFeNi$_{1.5}$Ti$_{0.5}$Mo$_{0.1}$ 造形材の溶体化処理材においては, 高強度耐食部品に用いられる

Alloy718鍛圧材よりも強度と耐食性に優れていることが確認された。

2.2　超高耐食ニッケル基合金の適用

当社超高耐食鍛圧材 Ni-19Cr-19Mo-1.8Ta (UNS No.N06210 in ASTM/ASME) [18] の各種酸溶液でのハステロイ®, SUS316Lとの腐食速度の比較を表3に示す。本材料は, 半導体製造工場や化学プラントなどの耐食性が重要視される分野では, 高特性をもつ合金として注目を集めていたが, 加工難度が高いため切削加工では生産性に課題があった。また, 鋳造では複雑な形状が得られる一方で, 合金成分を均質化することが課題であった。今回, 2.1項のMPEA同様に, 真空ガスアトマイズ法を用いて金属粉末化することで,SLM造形に適用した。2.1項同様に, SLM装置にて欠陥面積率が0.1 %以下となる適正な造形条件を見出し, 25 × 50 × 2mm^3 および 50

× 50 × 2mm³ 試料を作製して評価をおこなった[19]。

腐食評価条件としては，沸騰 1%HCl，沸騰 5%HCl，室温 30%HF，沸騰 10%H_2SO_4 各々に 24 時間浸漬し，試験前後重量変化から推測する腐食速度について鍛圧材との比較をおこなった。SLM 材については，表面性状の影響を観るため，空隙率 0.05% 以下（低空隙率と呼ぶ）および空隙率 0.30 ～ 0.45%（高空隙率と呼ぶ）について，各々造形ままの試験片と研磨を施した試験片を作製した。なお，SLM 材は造形異方性を評価するため，XY 面，Z 面，45°面について評価を実施した。また，試験後の外観について，SLM で造形した SUS316L との比較をおこなった。

Ni-19Cr-19Mo-1.8Ta と SUS316L の SLM で造形した試験片の沸騰 5%HCl に 24 時間浸漬した後の外観を図 3 に示す。この結果，Ni-19Cr-19Mo-1.8Ta の SLM 材の耐食性は鍛圧材と同程度，SUS316L の鍛圧材および SLM 材よりも良好であることが確認できた。その他環境下においても，Ni-19Cr-19Mo-1.8Ta 合金の SLM 材の研磨後の腐食速度は，どの造形方向についても同合金の鍛圧材と同等であることが確認できた。また，造形まま品の腐食速度は研磨よりやや大きく，造形まま品の表面が粗いことによる溶損重量が多いことに起因していると考えられる。

また，各種強度試験の結果，Ni-19Cr-19Mo-1.8Ta の SLM 材は，同合金の鍛圧材よりも強度と硬度に優れることも確認できた。

これらの結果を表 4 にまとめる。Ni-19Cr-19Mo-1.8Ta（UNS No.N06210 in ASTM/ASME）の SLM 材は，高い耐食性を維持したままで金属 AM ならではの自由な設計や周辺部品との一体化，ニアネットシェイプでの提供が可能になることから，半導体製造装置や化学プラント用部材の信頼性向上や長寿命化，低コスト化が期待できる。

2.3 肉盛用耐食・耐摩耗材料の開発

近年，部品の表面改質や部品修繕の延長上に DED（Directed Energy Deposition）が注目され，粉末材料では LMD（Laser Metal Deposition）による積層造形がおこなわれているが，ベースは溶射肉盛である。当社では，3 節に記述する AM を起点に社内で保有する MIM や精密鋳造他工法も含めた最適な工法と最適な材料の提供を目的としており，溶射肉盛用耐食・耐摩耗材料についても開発をおこなってきた。

溶射肉盛に用いる表面硬化用肉盛合金として，一般的にコバルト合金が使用されているが，地下資源採掘分野，各種産業機器において，より厳しい環境下で使用されるようになり，耐食性および耐摩耗性のさらなる向上が必要とされている。一方，環境や資源の観点からは，コバルトを含まない材料が望まれている。これら課題に対し，当社では溶射肉盛に適した耐摩耗肉盛材料として，耐食性に優れたクロム基合金をベースに硬質粒子を分散することで耐土砂摩耗性を向上させた NbC 分散型クロム基合金を開発した。

SUS304 基材に対して PTA（Plasma Transferred Arc）法により，本 NbC 分散型クロム基合金（融点：約 1,350℃）を肉盛施工した本合金の断面ミクロ組織を図 4 に示す。延性に富む γ 相（灰白色）と，硬質 a 相（灰黒色）からなる母相中に，ニオブ炭化物からなる約 1,300HV の高硬度相（白色）が晶出していることが確認された[20]。次に，開発した NbC 分散型クロム基合金の耐食性および耐摩耗性を確認するため，Alloy718，市場 Co 基合金，市場 Ni 基合金を比較材として，5%沸騰硫酸下での減肉速度と土砂摩耗試験（ASTM G95）を測定した。その結果を図 5 に示す。本比較試験より，開発した NbC 分散型クロム基合金は比較材に比べ耐沸騰硫酸耐食性と耐土砂摩耗性を有することが確認できた。

以上の結果から，開発した NbC 分散型クロム基合金は，優れた耐沸騰硫酸耐食性と耐土砂摩耗性を有し，地下資源採掘用部品，石炭焚きボイラーチューブ，プラスチック金型などへの PTA 肉盛により，部品の高寿命化が期待できる。

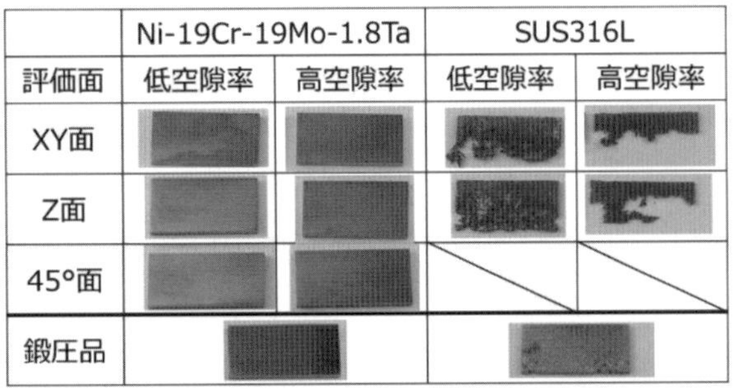

評価面	Ni-19Cr-19Mo-1.8Ta		SUS316L	
	低空隙率	高空隙率	低空隙率	高空隙率
XY面				
Z面				
45°面				
鍛圧品				

図3　沸騰5%HClに24時間浸漬後の外観

表4　Ni-19Cr-19Mo-1.8Ta のSLM材と鍛圧材の特性比較

	SLM材	鍛圧材
耐食性	鍛圧材と同程度	さまざまな水溶液に対して，SUS316L材よりも100倍以上高い耐食性を示す
耐力	700～750MPa	381MPa(代表値)
引張強さ	950～1,030MPa	812MPa(代表値)
ビッカース硬さ	280～310HV10	180～200HV10

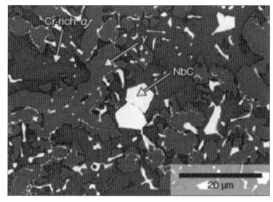

図4　NbC分散型Cr基合金のPTA肉盛組織

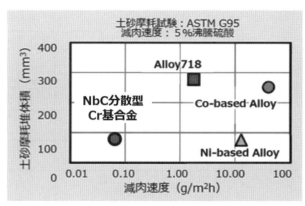

図5　肉盛合金との比較（当社調査）

3　AM ソリューションの提供

3.1　AM ソリューションセンター設立の背景と目的

　2015 年に筆者らは金属 AM が金型ビジネスの脅威と感じ，市場調査を実施した。その結果，3D プリンターの売上は伸びていながらも，造形実証をおこないながら材料を開発・販売している金属材料メーカーは見当たらなかった。そこで脅威をチャンスに変えようと金属 AM 用粉末および同 AM 造形技術開発に着手し，2018 年にコーポレート研究所として設立した「グローバル技術革新センター（以下 GRIT）」内において顧客や社外機関との協創を目的としたオープンラボテーマの一つとして，「3DAM オープンラボ」を立ち上げた。同オープンラボで「AM ならでは材料」を中心に多くの顧客と打ち合わせ，試作を進めて行くなかで，市場が求めるものは AM 化ではなく，AM という新技術を発端にこれまでにない高付加価値を有する「モノ」および「コト」の提供であると感じた。この高付加価値を有する「モノ」の提供方法は AM に拘らず，AM と従来工法の組み合わせ，試作を AM で量産は他工法とする内容，「AM ならでは設計」の発想で AM 以外の工法が適する内容もあった。

　これらの背景から，AM を起点に社内で保有する MIM や精密鋳造他工法も含めた最適な工法と最適な材料の組み合わせによるソリューション提供を目的として 2020 年 4 月に「AM ソリューションセンター（以下 AMSC）」を設立した。

3.2　AMSC の事業内容と保有設備

　3.1 項の背景と目的で設立された AMSC の事業内容は，AM を起点に開発から量産まで，材料・設計・量産

技術をトータルサポートすることであり，そのポイントを下記に示す。

　①材料開発：バルク材では達成できない性能実現

　②製造プロセス最適化：特性を考慮した材料レシピ…AM に拘ることなく切削加工，MIM，精密鋳造などからも選択可能

　③後加工の最適化：目的に合った熱処理・表面処理を選択

　④品質保証：さまざまな業界（工法）で培った経験

　これらを具現化するため，AMSC の直下に造形試作・管理を司る「AM プロダクションベース（以下 AMPB）」を設け，GRIT 内の 3DAM オープンラボ，社内の粉末製造装置保有部門および 3D プリンター保有部門を社内パートナーとしてソリューション提供体制を整備した。加えて社外の粉末製造や積層造形メーカーも社外パートナーとして協業を開始した。これらのネットワークにより，当社開発材造形に限らずアルミ合金やチタン合金の造形品提供も可能となった。

　表 5 に社内保有の金属 AM 装置を示す。PBF-SLM は，インプロセスモニタリングとして粉末リコート状況の画像撮影と OT（Optical Tomography）を備えた EOS 社の M290 と小型の米 GE Additive 社の Concept Laser M-Lab200R を有し，研究開発から試作および量産造形に対応している。PBF-EBM としては，GE Additive 社の Arcam A2X を，LMD としては加工機とのハイブリッド機である DMG 森精機㈱の LASERTEC 65 3D を，ワイヤ造形機については，アジア 1 号機となった米 Sciaky 社の EBAM®110 を導入した。そのほか社内には，AM 関連設備として粉末製造用ガスアトマイズおよび造形後のサポート除去，加工時の負荷測定可能な各種加工機をはじめ，接触および非接触三次元測定装置など各種評価設備を有する。

表5 社内保有の金属積層造形装置

		装置名	台数	造形範囲(mm)	雰囲気	造形速度, 精度
PBF	SLM	EOS M290	2	250×250×325H	Ar or N2	10〜20mL/Hr 精度:★★★★★
	SLM	Concept Laser M-Lab 200R	1	100×100×100H	Ar or N2	10〜20mL/Hr 精度:★★★★★
	EBM	Arcam A2X	1	200×200×380H	中真空 10⁻⁴Torr	〜20mL/Hr 精度:★★★★
DED	LMD	DMG MORI LASERTEC 65 3D	1	φ500×350H	Ar シールド	〜100mL/Hr 精度:★★★
	EBAM®	Sciaky EBAM110	1	1,778×1,194×1,600H	中真空 10⁻⁴Torr	〜1000mL/Hr 精度:★

※PBF:Powder Bed Fusion, DED:Directed Energy Deposition, SLM:Selective Laser melting, EBM:Electron Beam Melting,
　LMD:Laser Metal Deposition, EBAM®:Electron Beam Additive Manufacturing
※造形速度は参考値,精度は相対比較(参考)

3.3 取り扱い案件

GRIT 訪問メーカーは数百社に及び，内 30% 近くの方が 3DAM オープンラボを訪問し，100 件以上の案件について検討をおこなってきた。2020 年からは AMSC がこれらの窓口となってソリューションの提供を続けている。

取り扱っている事業分野は，航空エネルギー関係部品や産業機械部品，自動車部品の金型が多く，内容としては AM 用粉末材料の提供，当社 AM 独自材を主に，一般材含めた材料評価用 TP 作製，耐食部品，耐熱部品，磁性材料部品や各種金型の高付加価値部品造形・加工をおこなってきた。高付加価値の内容に関しては，「AM ならでは材料」×「AM ならでは設計」により従来品以上の強度や耐食性を有する部品提供が可能となった。また，複雑な構造適用により，金型の放熱性向上，部品統合や軽量コンパクト化部品の提供も可能となった。一部 AM で量産を開始した部品で，同時に形状や数量に応じて MIM 化を検討しているケースや，形状に応じて精密鋳造や鍛造とのハイブリッドで検討した部品もあった。

4 おわりに

AM 技術を活用するには，
・AM は微小溶融・凝固プロセスで，組織微細化，元素分離や偏析の低減を特徴とするプロセスであり，これに合った AM ならではの合金設計が必要である。
・鋳造や鍛造の既存材料で既存構造のものを AM で製造すると高価になる。AM は鋳造や鍛造と異なる新たな工法であり，「AM ならでは材料」×「AM ならでは設計」で部品統合や新たな付加機能価値を評価することが重要である。
・AM 粉末の低コスト化に関しては，アトマイズの歩留向上が必須であるが，従来工法に比べて中空やメ

ッシュ構造への対応で材料使用量削減が可能であることから，高価元素使用率を上げて，素材の高機能化による高付加価値化や造形コスト減によるトータル低コスト化が重要である。
・鍛造や鋳造などで製造したものと機能や品質を比べて使用可否を考えるのではなく，新しい工法や新しい構造としてその機能や品質に合った部品展開を考えるべきである。

すなわち，AM 浸透には
①総合的に価値を評価すること
②既存品の置き換えでなく，「AM ならでは材料」および DfAM を適用した「AM ならでは設計」で機能を満足する新たな部品を創出すること
③現状の AM 造形品質で適用可能な部品や部位を対象に適用して行くこと
が重要である。

参 考 文 献

1) A. Bandyopadhyay, et al.: Additive Manufacturing, CRC Press. 2015, p.97-142.

2) L. Yang, et al: Additive Manufacturing of Metals: The Technology, Materials, Design and Production, Springer International Publishing, 2017, p.1-44.

3) Additive manufacturing – General Principles – Terminology, ISO/ASTM 52900 (2015).

4) 小泉，他：金属系材料の 3 次元積層造形技術の基礎，まてりあ，56（12）(2017)，p.686-690.

5) 中本，他：金属粉末積層造形法を活用した高性能部材の開発，まてりあ，56（12）(2017)，p.704-707.

6) C. Körner, et al: Tailoring the grain structure of IN718 during selective electron beam melting, MATEC Web Conf., 14（2014）p.08001.

7) R. Dehoff, et al.: Site-specific control of crystallographic grain orientation through electron beam additive manufacturing, Mater. Sci. Technol., 31 (8) (2015) p.931-938.

8) S-H.Sun, et al.: Phase and grain size inhomogeneity and their influences on creep behavior of Co-Cr-Mo alloy additive manufactured by electron beam melting, Acta Mater., 86 (2015) p.305-318.

9) S-H Sun, et al.: Build-direction dependence of microstructure and high-temperature tensile property of Co-Cr-Mo alloy fabricated by electron-beam melting (EBM), Acta Mater., 64 (2014) p.154-168.

10) 桑原　他：新規耐食合金のレーザ粉末積層造形と熱処理の開発，日立金属技報，Vol.35 (2019)，p.30-37.

11) J. W. Yeh, et al.: Nanostructured High-Entropy Alloys with Multiple Principal Elements: Novel Alloy Design Concepts and Outcomes, Adv. Eng. Mater., 6 (2004) p.299-303.

12) B. Cantor, et al.: Microstructural development in equiatomic multicomponent alloys, Mater. Sci. Eng. A, 375-377 (2004), p.213-218.

13) Y. Zhang, et al.: Microstructures and properties of highentropy alloys, Prog. in Mater. Sci., 61 (2013), p.1-93.

14) F. Tian, et al.: Theoretial design of single phase high-entropy alloys, LAP Lambert Academic Publishing, (2017), p.1-16.

15) M. C. Gao, et al.: High-Entropy Alloys Fundamentals and Applications, Springer International Publishing Switzerland, (2016) p.181-265.

16) 桑原　他：日本ガスタービン学会誌，46 (3)，(2018) 204.

17) 桑原　他：まてりあ，57 (7)，(2018) 328.

18) K. Sugahara, Beneficial Effects of Tantalum in Ni-Cr-Mo-Ta Alloy UNS N06210", CORROSION2008, No.08182, (2008).

19) Y. Daigo, et al.: Corrosion Behavior of Additively Manufactured Alloy N06210 in Acidic Solutions, NACE Corrosion, No.11087 (2018).

20) 耐食性・耐土砂摩耗性に優れたクロム基合金，日立金属技報，Vol.36 (2020)，p.62.

┃トピックス

社員ファーストの経営を実践
学生に教えたい"働きがいのある企業"大賞,審査委員長賞を受賞
㈱シンコーメタリコン

　経営理念の実践やイノベーションを進める中堅・中小企業を顕彰する「第4回学生に教えたい"働きがいのある企業"大賞」（主催：（一社）大阪府経営合理化協会，後援：近畿経済産業局，大阪府，産経新聞社）の審査委員長賞に，溶射加工ジョブショップの㈱シンコーメタリコン（本社・滋賀県湖南市，立石豊社長）が選ばれた。

　同社は「人を大切にする経営」をモットーに，社員ファーストの経営を実践。例えば，7日間連続休暇取得制度「ドリームセブン」や，育児休暇中の女性社員が月1回出勤する「育休出勤」，現金支給の誕生日手当，全額会社負担の社員旅行（行き先はすべて海外）など，数々の手厚い，ユニークな制度を実践していることが認められたもの。

　9月14日には，大阪市中央区の大阪キャッスルホテルで表彰式が開かれ，立石社長に賞状とクリスタル盾が贈られた。なお，大賞には屋外空間の設計・施工を手掛けるハンワホームズ㈱（大阪府泉南市）が輝いた。

▲賞状を手にする立石社長と玉置取締役

大阪産業技術研究所
「3D造形技術イノベーションセンター」
オープン記念イベント開催

編集部

　大阪産業技術研究所（小林哲彦理事長）は8月25日，「3D造形技術イノベーションセンター（以下，3Dセンター，写真1)」オープン記念イベントを同研究所和泉センター（大阪府和泉市）で開催，オンライン・オンサイト合わせて約80名が参加した（写真2)。同イベントでは，記念講演会と3Dセンターのメディア向け見学会がおこなわれた。

▲3D造形技術イノベーションセンター

▲記念講演の様子

◆記念講演会

　3Dセンターオープン記念講演会で小林理事長は「大阪産業技術研究所には3Dプリンタを30年以上運用してきたノウハウがあり，装置の貸し出しだけでなく，材料メーカーやユーザーとの共同研究もおこなってきた。金属積層（金属AM）技術の発展は目覚ましいものがあり，新しい技術に取り組むためのプラットフォームづくりを進めていきたい」と挨拶。その後，近畿大学の京極秀樹特任教授による基調講演「金属3Dプリンタを活用したものづくりの現状と将来展望」と，多田電機㈱・宮田淳仁氏ならびに日本電産マシンツール㈱・二井谷春彦氏による金属積層造形（金属AM）装置の紹介がおこなわれた。

◆ 3D造形技術イノベーションセンター

　3Dセンターは今年4月に大阪産業技術研究所和泉センター内に開設された。従来，EOS社製（独）および3D SYSTEMS社製（米）の金属AM装置2台を活用していたが，同センター開設にあわせ，三菱電機㈱製EZ300と日本電産マシンツール㈱製LAMDA500の2台を新たに導入した（表1)。

　大阪産業技術研究所は金属AM装置以外にもブラスト装置や乾式電解研磨装置や電子顕微鏡，X線CT装置，3Dスキャナなど，多彩な機器をそろえている。解析ソフトを利用した熱歪みの予測や，構造最適化手法の一つであるトポロジー最適化のシミュレーション，金属AM

表1　3Dセンターの金属AM装置の特徴

金属3Dプリンタ	メーカー	熱源	最大造形サイズ (mm)	雰囲気	特徴
金属粉末積層造形装置 EOSINT M280	EOS社（独）	400W Ybファイバレーザ	250×250×H300	不活性ガス	·造形できる金属材料が多く、汎用性が高い
微粉末積層造形装置 ProX DMP	3D SYSTEMS社（米）	500W Ybファイバレーザ	140×140×H100	不活性ガス	·ローラー方式の粉末リコーターを採用 ·粒径10μm以下の微粉末を使用可能
電子ビーム積層造形装置 EZ300	三菱電機㈱	6kW 電子ビーム	220×220×H300	真空	·高融点材料や高熱伝導性材料を造形可能 ·予備加熱により、熱応力を軽減
パウダーデポジション方式 5軸積層造形装置 LAMDA500（プロトタイプ）	日本電産マシンツール㈱	6kW Ybファイバレーザ	φ150×H150	大気 （シールドガス使用）	·既存の部品上への肉盛造形が可能 ·造形物の切削機能を付加

用材料開発もおこなっており，金属AMの産業応用を全面的に支援している。

◆産技研・市工研統合のシナジー効果でものづくり企業を積極支援

　大阪産業技術研究所は，大阪府立産業技術総合研究所（産技研）と大阪市立工業研究所（市工研）が2017年に統合し，設立された。産技研は機械・加工，金属，電気・電子などの分野を中心とした製品開発支援や製造支援に，市工研は化学，高分子，バイオ・食品，ナノ材料などの分野を中心とした研究開発支援や製品開発支援にそれぞれ強みを有し，ものづくり中小企業の技術的課題の解決や大阪産業の技術の高度化に大きく貢献してきた。統合により，技術相談の効率化や研究者の交流活発化といった効果が生まれており，今後も大阪を中心に全国の企業と受託研究や共同研究を進める。

　同研究所によると，技術相談や受託研究の件数やユーザー満足度などといった，2017年から5年にわたる第1期中期計画の目標を達成しており，2022年4月に始まる第2期に向け，3Dセンターを積極的に活用していきたいとしている。

溶 射 業 界
あの日あのとき
1986年

第11回国際溶射会議 ITSC'86 カナダ（モントリオール）で開催。
（論文発表97件，参加者465名）

（一社）日本溶射学会関東支部
第一回講演会＆基礎セミナー開催

編集部

　（一社）日本溶射学会関東支部（和田国彦支部長）は8月19日，「第一回講演会＆基礎セミナー」をリモートで開催した。今年度より新支部長に就任した和田支部長（東芝インフラシステムズ㈱）は講演会に先立ち，「講演会と同時開催の基礎セミナーでは，燃焼とプラズマに関する2セミナーをお願いした。溶射に必要な熱源やプラズマについて，改めて勉強する機会となれば」と挨拶した。また，講演会が2講演と，基礎セミナーとあわせて4講演がおこなわれた。

　基礎セミナーでは，（一社）日本エネルギー学会で講師を務める香川大学の奥村幸彦教授が「燃焼の基礎」と題して，燃焼の種類や燃焼システムの設計法，燃焼エネルギーの計算方法や測定方法について解説。熱化学方程式からエネルギーを算出する例題を実際に解くなど，実践的な講習がなされた。また，筑波大学の藤野貴康准教授は「プラズマの基礎〜プラズマ溶射源を想定して〜」で，プラズマの基礎的な内容について整理し，溶射ガンの内部でプラズマがどのような挙動をしているのか解説した。

　講演会では，新たに溶射学会関東支部に加わったUSTRON㈱の渡邊大輝氏が同社の取り組みを紹介した。同社は溶射に関連する商品としてスパッタリングターゲットを製造しており，ほかにも石英製品や蒸着材料，関連製品も手がけている。現在は透明導電膜に用いられる酸化インジウムスズ（ITO）の溶射法を開発中で，さらなる溶射技術開発を進める方針という。㈱東芝の塩見康友氏は「レーザメタルデポジションによる金属3Dプリンタの開発」と題し，従来は積層材料の収束性が悪かったため精度が低く，造形物の表面が粗くなるレーザメタルデポジション（LMD）法について，レーザで造形物表面を溶融させ表面粗さを改善する「レーザポリッシュ」技術などにより，造形物の品質向上を実現したと発表した。

　講演会の後，参加者らは講演者ごとに作成されたブレークアウトルームに分かれ，講演者や参加者らと熱心に意見を交わした。

▲講演会の様子

日本溶射学会関東支部ご紹介①

第39期支部長の東芝インフラシステムズの和田です。

▲和田新支部長の自己紹介もおこなわれた

高機能トライボ表面プロセス部会
第17回例会開催

編集部

「高機能トライボ表面プロセス部会第17回例会（共催：表面技術協会高機能トライボ表面プロセス部会と近畿高エネルギー加工技術研究所ドライコーティング研究会）」が8月17日，オンラインで開催された。共催での開催は今回が3回目で，約70人が参加し，摺動面の分析・評価やDLC（ダイヤモンド・ライク・カーボン）コーティングの成膜技術などについて，4講演がおこなわれた。

名古屋大学の野老山貴行准教授は講演「水素含有DLC膜の境界潤滑化におけるMo系粒子による摩耗促進と表面増強ラマン分光法による極表面分析」のなかで，潤滑油に含まれるモリブデン系粒子が摺動の際どのように摩耗を促進するのか，ラマン分光法を用いた解析結果を発表した。

トヨタ自動車㈱の中田博道氏は「高密度プラズマによる高性能・高生産性を両立したDLC成膜技術および装置の開発」で，真空炉の構造やハンドリング方法に工夫を凝らすことで，従来の成膜装置と比べ高品質な皮膜を高速で成膜できる新開発のDLC成膜装置について解説。京都大学の平山朋子教授は「中性子反射率法から見る添加剤吸着挙動と摩擦特性」で，表面潤滑の機構を解説したうえで，潤滑剤が界面でどのような役割を果たしているのか，中性子反射率法を用いた構造分析結果をもとに示した。

日本アイ・ティ・エフ㈱の大城竹彦氏は「DLCコーティングの最新動向〜ドロップレット制御による機能向上」のなかで，DLC膜形成時に発生する金属液滴であるドロップレットを制御することで，従来のta-C膜よりも優れた性質のDLC膜を製膜できたことを報告。過酷な環境での使用が求められるDLC膜のさらなる発展の可能性を示した。

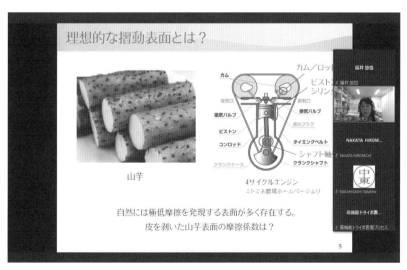

▲オンラインセミナーの様子

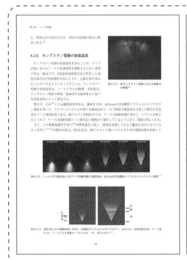
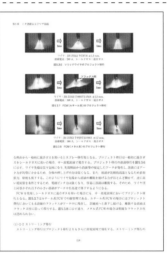

【 連載 腐食防食の基礎 第2回 】
ステンレス鋼の腐食

高谷　泰之

トーカロ㈱溶射技術開発研究所

1　はじめに

　一般にステンレス鋼，特にオーステナイト系ステンレス鋼のSUS304鋼は耐食性，溶接性，加工性などに優れ，入手しやすい。このことからあらゆる産業界でステンレス鋼は重宝されている。そのステンレス鋼も表面に汚染物質が付着するなどしてそこにすき間が形成されると，孔食やすき間腐食の原因となる。さらに，オーステナイト系ステンレス鋼は機器として製作される工程で，不適切な熱履歴や加工などを受けると耐食性が劣化することがあり，他の鋼種に比べて粒界腐食や応力腐食割れが発生しやすくなる[1]。

　そこで，汎用的なステンレス鋼の腐食損傷事例を通して，オーステナイト系ステンレス鋼の典型的な腐食を紹介し，その原因を調査するとともにその腐食メカニズムについて説明する。また，これらの腐食防止法を示し，設計・施工時の指針となるよう解説する。

2　もらいさび（錆）

　ステンレス鋼（SUS304）板の上に円盤状の鉄ブロック（普通鋼）を水道水に濡らして図1（a）に示すように静置しておく。ある程度の時間が経過して鉄ブロックを見ると，水道水とステンレス鋼に接した裏面（b）に錆が発生する。さらに，ステンレス鋼表面にも錆が付着する（c）。ステンレス鋼から見た場合，これを「もらいさび」（Trickled rust, catching rust）[2]という。もらいさびはステンレス鋼自体の腐食を引き起こす原因になる。ステンレス鋼も鉄系金属であるので，腐食生成物の錆は，鉄と同様に茶褐色である。もらいさびからステンレス鋼が腐食するメカニズムを図2に示す。水道水を介して，鉄とステンレス鋼が接触すると，鉄の水滴腐食[3]が始まる。さらに，鉄とステンレス鋼が電気的に導通していると，異種金属接触腐食が起きる。この場合，鉄の腐食は加速され，一方で，ステンレス鋼はカソードと

なり防食される。鉄が水道水中に溶け出して鉄イオンFe^{2+}（アノード）となり，水道水に溶け込んだ空気すなわち溶存酸素は還元されて水酸化物イオンOH^-（カソード）となる。そして，鉄イオンと水酸化物イオンが結びついて水酸化鉄（錆）になる。その錆がステンレス鋼表面に堆積し，ステンレス鋼と鉄が絶縁されると，ステンレス鋼と錆層のすき間でステンレス鋼のすき間腐食が生じるようになる。

　ステンレス鋼がすき間腐食を生じるメカニズムは次の通りである。ステンレス鋼が耐食性に優れていることは不働態保持電流（アノード）に見合う溶存酸素の還元（カソード）が進んでいるためであり，すき間内外とも同じように不働態化している。しかし，閉塞度が高いすき間内部では沖合の水溶液から溶存酸素が補給されにくいために，酸素濃度が低下し，ステンレス鋼上でのカソード

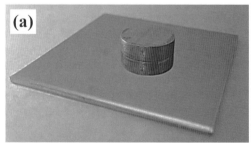

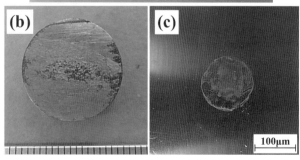

100μm

図1　SUS304鋼のもらいさび実験
（a）ステンレス鋼板と鉄（普通鋼）ブロックの接触
（b）普通鋼の錆　（c）ステンレス鋼上に堆積した錆

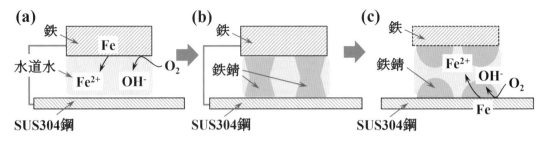

図2　もらいさびのメカニズム
(a)鉄(普通鋼)の腐食反応　　(b)鉄錆の生成と堆積　　(c)錆堆積下でのステンレス鋼の腐食反応

反応が起こらなくなる。溶存酸素を還元するカソード反応がすき間外表面でしか起こらなくなる。その結果，ステンレス鋼表面上にアノード（すき間内部）とカソード（外表面）の場所的な分離が起こりアノードとなるすき間でステンレス鋼の腐食が起こるのである[4]。すなわち，鉄が腐食して錆となり，鉄との絶縁によりステンレス鋼自体が腐食するようになる。

　ステンレス鋼のもらいさび現象は直接鉄と接触しなくても，保管場所の近くで鉄が加工されればステンレス鋼表面に鉄粉や鉄さびが飛散する。また鉄の研磨に用いた工具・器具を使ってステンレス鋼を加工すると鉄粉が付着するなど，比較的頻繁に発生する。

　ステンレス鋼の加工にはステンレス鋼製工具，ステンレス鋼製ワイヤーブラシ，汚れのない新しい研削砥石などは，ステンレス鋼専用にすることが肝要である。工場内環境に鉄汚染防止策を施す，出荷される前に付着した鉄粉類を確実に除去するなど，ステンレス鋼のもらいさびによる錆発生を防止するには，ステンレス鋼と鉄（普通鋼）を一切接触させないことである。

3　熱履歴による金属組織の鋭敏化

　ボイラで発生させた水蒸気による水道水の加温が行われるが，食品関連装置ではSUS304鋼製湯浴槽がよく見

られる。製作された湯浴槽の下部に設置されている配管に水蒸気を送り込むが，使用開始から1年間も経過しないうちに，湯浴槽内の半球体部材に図3（a）に示すような大きなき裂が発生した。湯浴槽に水蒸気を送り込んでいる熱交換器配管に発生した応力腐食割れ（SCC：Stress corrosion cracking）の事例であり，そのき裂部から水蒸気が漏れ出したのである。

　き裂の破断面を観察するために，球体の部材を傷つけないように注意深く分離した（図3（b））。その破断面は茶褐色のさびに覆われており，そのままSEM（走査型電子顕微鏡）観察しても，正常な観察ができない。そこで，根気よく時間をかけてさび落としをすることになる。さび落としには薬品の使用，超音波洗浄，水素ガスを発生させる電解処理などを行う。さらに粘着テープを用いてさびを物理的に剥がすことを繰り返す。洗浄前と洗浄後の破断面を図4に示す。テープへのさびなどの異物付着が少なくなると，SEM観察を行う。SEM像で錆が覆われているようであれば再度さび落としを行う。なお，さび破面表面のEDS（エネルギー分散型X線マイクロアナライザ）などの元素分析は測定する意味がないので，形態観察のみとなる。もし，EDSなどの元素分析が必要な場合はさびを落とす作業の前にあらかじめ行っておく。

　き裂の起点であると予想されるき裂の長手方向の中央

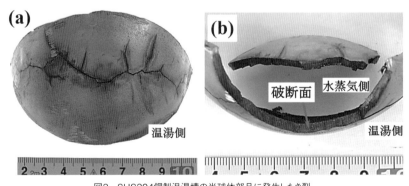

図3　SUS304鋼製温湯槽の半球体部品に発生したき裂
(a)表面のき裂　　(b)き裂の破断面

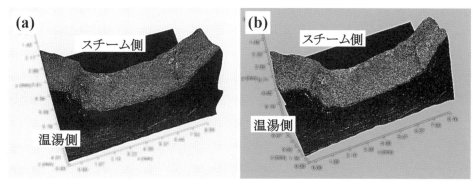

図4　SUS304鋼製温湯槽の球体部品に発生したき裂の破断面
錆落とし前(a)と後(b)

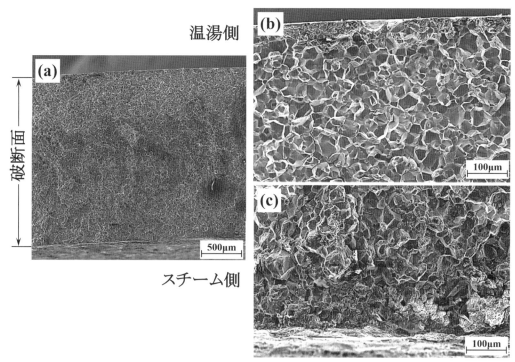

図5　SUS304鋼製温湯槽の球体部品に発生したき裂破面
(a)破面の全景　(b)温湯側の破面　(c)スチーム側の破面

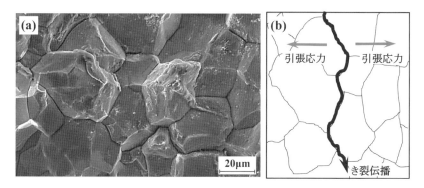

図6　SUS304鋼製温湯槽の球体部品に発生したき裂破面
(a)結晶粒界　(b)き裂伝播の模式図

部を SEM 観察した。その結果を図5に示す。破面には温湯側（b）からスチーム側（c）の全域にわたって結晶粒子が鮮明に見られた。それらの拡大を図6に示す。破面の金属組織は高温に晒されて鋭敏化しており，結晶粒界に

沿って破断した粒界型応力腐食割れの様相（b）であった。

ここで，温湯（殺菌）槽の構造と製作方法は次のとおりである。温湯槽の構造を図7に示す。浴槽（a）は，半球体（A）部材，半円形（B）部材および平板（C）部材を溶接接合して組み立てられる。種々の形状部材は曲げ加工やプレス加工などで作製され，半円形状は太いパイプを半割にして作られる。それら部材を順次組み合わせて溶接し，槽を図面通りに作り上げている。溶接時の高熱によって部材形状が変形し，寸法が合わなくなるためにガスバーナーで加熱／ハンマーで強打を繰り返して矯正しながら継ぎ合わせることになる。材質はすべてSUS304鋼である。

運転時には，製作された水槽の下部に設置されている配管に水蒸気を送り（b），浴槽内の水道水を加温する。槽内の水（水道水）は60℃以上の温度を保つようになっ

ていた。この温水の中に包装された食品を通過させ，食品を加熱・殺菌する設備である。

ここで，部材の破面観察から，腐食損傷は鋭敏化された材料の粒界型応力腐食割れであることが解った。しかし，この破断面のSEM像（図5）から腐食の起点（始まり）が，温水（水道水）側なのか，あるいは水蒸気側であるのか判断できる決定的な証拠がない。

そこで，損傷した半球体部材以外に水槽の平板部材を調査した。その結果，ステンレス鋼の特徴的な腐食形態が生じており，図8に示す。図中のすべての写真は温水側（表面）に接している面である。水蒸気側（裏面）表面は健全であった。

図8（a）の部材表面は比較的健全で点々とさびが見られるが，いわゆるステンレス鋼の孔食である。孔食が発生した状態は，食孔部には腐食生成物が堆積せず，食

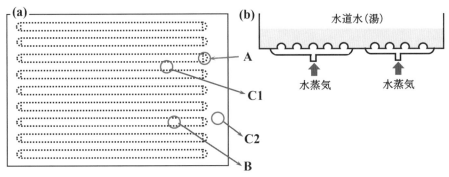

図7　SUS304鋼製温湯槽の概略図と構成部材
(a)平面図　(b)側面図
A:球体状　B:半円形状　C:平板

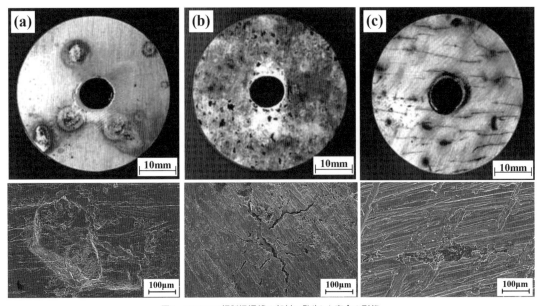

図8　SUS304鋼製温湯槽の部材に発生した腐食の形態
(a)孔食　(b)粒界腐食　(c)応力腐食割れ

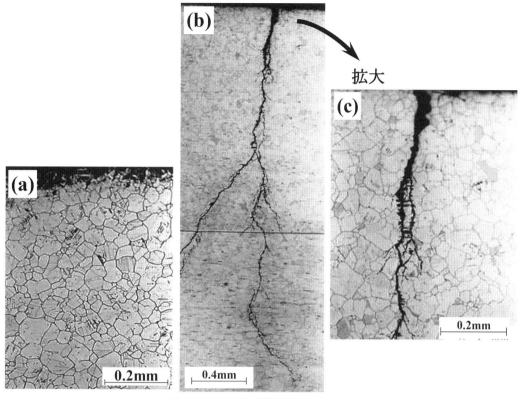

図9　SUS304鋼製温湯槽部材の断面金属組織
(a)粒界腐食(図8(b))　(b)応力腐食割れ(図8(c))　(c)写真(b)の拡大

孔を中心に円周状に茶色の錆が堆積している。これは中心部（食孔）がアノードで Fe が溶解し，Fe^{2+} イオンが生成し，周辺部がカソードとなって溶存 O_2 から OH^- を生成し，Fe^{2+} イオンと OH^- イオンが反応したところで，さびが形成されたのである。これは，水滴腐食と同じ原理である[3]。

　図8（b）では表面全体にわたって砂地状に腐食が見られ，粒界腐食の様相である。SEM 像では腐食跡はあらゆる方向に溝状に進展していた。

　図8（c）では（a）と同様に比較的健全な表面であるが，ひげ状の微細なき裂が同じ方向（左右）に多数見られた。いわゆる応力腐食割れの表面の様相を示していた。SEM 像では，細長い食孔が見られ，食孔の両端からき裂が進展していた。

　各箇所より採取した試料断面の金属組織観察を行った。金属組織は試料断面を鏡面仕上げし，シュウ酸水溶液中で電解エッチングを行い，金属顕微鏡で観察した。

　粒界腐食と推定した平板部材である図8（b）のステンレス鋼の断面金属組織を図9に示す。連結した黒い網目状の模様が見られるが，炭化物が析出し，結晶粒界に分布しているのである。この結晶の状態を模式的に図10に示すが，図6の結晶粒を立体的に図示したもの

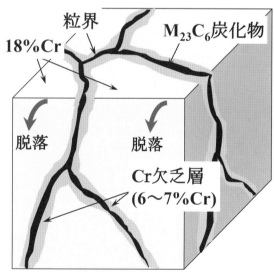

図10　ステンレス鋼の炭化物析出における結晶粒界の模式図

である。炭素含有量の多いステンレス鋼が加熱（500〜800℃）されると，結晶粒界にクロム炭化物 $Cr_{23}C_6$（または $M_{23}C_6$）が生成し，隣接部分の Cr 量が減少し Cr 欠乏層ができる。これを鋭敏化という[5]。Cr が 12% 以上含まれることでステンレス鋼は不働態化し耐食性に優れるが，クロム欠乏層では Cr 濃度が低下して腐食されや

すくなり，形態として粒界腐食を生じるのである。

　ステンレス鋼が加熱される温度とクロム炭化物の析出状態を図11に示す[6, 7]。1050～1300℃に加熱された場合（c），炭化物は完全に溶解し一部微量元素が偏析している。500～700℃加熱（a）では，粒界にクロム炭化物が析出しクロム欠乏層が形成される（鋭敏化）。800～900℃に加熱（b）されると，炭化物は不連続に析出するか安定な状態になりクロム欠乏層は回復し，腐食は起きにくくなる。

　すなわち，図9（a）のステンレス鋼部材は鋭敏化した金属組織であり，表面付近では結晶粒界のクロム欠乏層がアノードとなって粒界腐食が生じていたのである。

　次に，応力腐食割れの様相を示した図8（c）の断面金属組織を図9（b）と（c）に示す。（b）では温水側の表面層からき裂が伝播し，枝分かれしており，き裂の形態は応力腐食割れであった。（c）はき裂の起点付近を拡大したもので，その金属組織は鋭敏化され，粒界腐食がき裂の起点となっていた。き裂の進展は結晶粒を貫通しており，粒内応力腐食割れ（Transgranular SCC, TGSCC）が発生していた。

　以上のことから，腐食損傷を起こしたステンレス鋼表面には無数の孔食および粒界腐食が発生しているが，表面層からの応力腐食割れは水蒸気側からでなく，温水側表面の腐食損傷が起点となってき裂の進展が認められた。また，金属組織観察から，これらの腐食は部材の加工や溶接接合の熱によるステンレス鋼の鋭敏化現象に起因したものと結論できた。安易にステンレス鋼を使用すると，本事例のような損害を被るのである。

　また，食品を扱う装置では後述するステンレス鋼部材をカソードとして防食するアルミニウム犠牲陽極などを設置すると，アルミニウムが溶解して，水溶液が汚染されるため，この方法での防食は非常に困難である。なお，装置製作には必ず溶接が必要であり，鋭敏化が軽度になる炭素の含有量が少ないSUS304L鋼を採用するなど，

十分に注意を払って製作したいものである。

5　保温材による外面応力腐食割れ

　オフィスや病院などに設置されているステンレス鋼製の温水器タンクは保温のために保温材が取り付けられる。タンク部材の腐食損傷例を図12に示す。タンクの内面／温水側（a）と外面／保温材側（b）の外観およびそれぞれに付着していた錆のEDS分析を示す。また，図13に白色の保温材のEDS分析結果を示す。温水側表面（a）は，き裂が進展し，き裂部に錆が付着している。錆のEDS分析結果（図の右）ではClがわずかに検出され，外表面（b）には白色の保温材と錆が固着し，その錆にはClが検出される。保温材はSiが主成分で不純物としてClが検出された。

　き裂部を切断して取り出し，破断面の破面をSEM観察した。その結果を図14に示す。矢印部の破断面は結晶粒内を貫通した粒内型応力腐食割れの様相であった。これは保温材下腐食CUI（Corrosion under insulation）と呼ばれる[8, 9]。CUIは保温材が吸水し金属表面が長く湿潤状態になり，その水分に溶解している塩化物イオンの成分が濃縮することによって腐食が早く進行する。

　なお，図14（c）の写真上部の表面に粒界腐食の様相が見られるが，製造時に板材を酸洗しているためである。

　次に，同様な温水タンクでの腐食損傷事例を図15に示す。温水側（a）の内面は赤色に変色し，点状に赤色が濃くなっていた。一方，保温材側（b）の外面は無数にき裂が生じ，き裂に沿って錆が堆積していた。EDS分析では温水タンクの内外面でSi, Cl, Caが検出された。き裂の破断面のSEM像を図16に示す。外面の孔食を起点にき裂が進展し，破断に至ったと推定された。この事例も外面の応力腐食割れである。

　外面の応力腐食割れを防止するためには，ステンレス鋼表面へのアルミニウムホイルの巻き付けやアルミニウム溶射を施工すればよい[10, 11]。しかし，アルミニウム

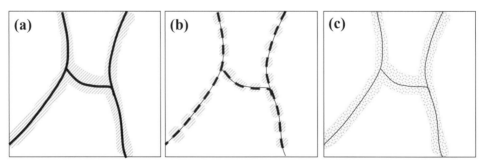

図11　ステンレス鋼における粒界構造の模式図
(a)析出/鋭敏化(500～700℃)　(b)安定化(800～900℃)　(c)偏析/溶体化(1050～1300℃)

図12　SUS304鋼製温水器の外面応力腐食割れ事例
(a)温水側表面と錆のEDS　(b)保温材側外表面と錆のEDS分析

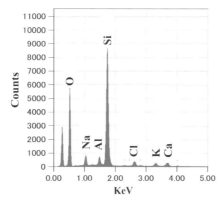

図13　保温材のEDS図形

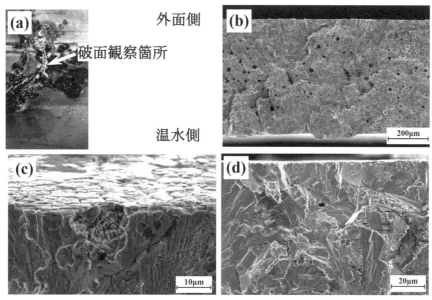

外面側

温水側

破面観察箇所

図14　SUS304鋼製温水器の外面応力腐食割れの破断面
(a)表面　(b)破断面の全景　(c)表面と孔食　(d)外面側破断面

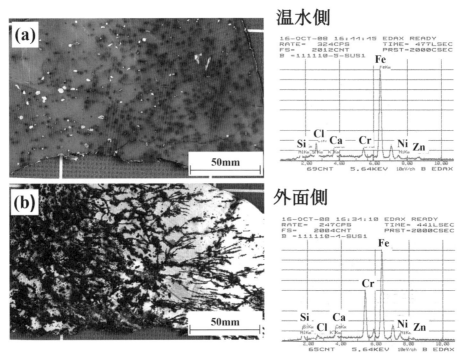

図15 SUS304鋼製温水器に発生したき裂と付着物(錆)のEDS分析
(a)温水側(内面) (b)保温材側(外面)

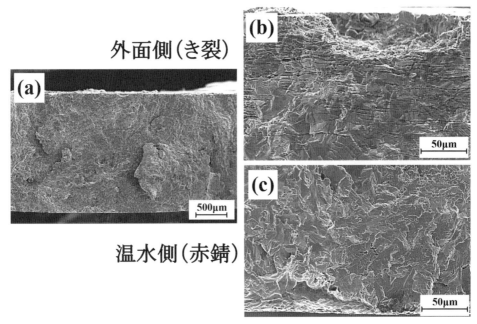

図16 SUS304鋼製温水器に発生した破断面
(a)破断面の全景 (b)外面側(孔食) (c)温水側

は大気中で酸化皮膜を形成しやすく卑な金属でありなが
ら耐食性がある。そのために,ステンレス鋼に対して犠
牲陽極(アノード)とならず,腐食が進むにつれてアル
ミニウム溶射皮膜がはく離してしまい,ステンレス鋼が
応力腐食割れを起こしてしまった事例がある[12]。ステ
ンレス鋼の外面応力腐食割れの防止に卑な金属を被覆す

ることは有効な方法であるが,アルミニウムよりも腐食
しやすい Al-Zn や Al-Mg 合金皮膜を適用することが望
ましい。しかし,基材 / 皮膜界面の異種金属接触腐食に
よってアルミニウム溶射皮膜が溶解し,皮膜剥離してい
る可能性があればその場合,Al-Zn や Al-Mg 合金皮膜
の施工は逆効果になる。

6 おわりに

ステンレス鋼は耐食性に優れているため腐食損傷が生じると，大事に至るケースが多い。その場合，普通鋼に比べて損傷部材の調査事例も多くなる。本稿ではステンレス鋼の腐食した部材の観察事例や方法を詳細に解説した。実用装置で損傷した部材はほとんどが強固な腐食生成物（錆）に覆われている。この錆を除去し，金属破面を溶解させずに新生面を露出させてSEM観察を行うには，腐食表面や破断面の錆落としをする必要があり，技術者に必要なノウハウである。

最後に，機器装置の製作における製造工程での熱履歴の配慮や，装置使用時のメンテナンスが重要であることを付記する。

参 考 文 献

1）尾崎敏範：事例で探すステンレス鋼選び，pp26（2005）工業調査会.

2）日本材料学会腐食防食部門委員会編：腐食防食用語辞典,pp226（2016）晃洋書房.

3）高谷泰之：溶射技術,Vol.40,No.4,pp2-7（2021）産報出版.

4）たとえば腐食防食学会編：腐食防食ハンドブック，pp61

（2000）丸善.

5）日本プラントメンテナンス協会実践保全技術シリーズ編集委員会編：防錆・防食技術，pp75（1997）日本メンテナンス協会.

6）日本学術振興会編：金属防蝕技術便覧，pp78（1972）日刊工業.

7）小若正倫：新版金属の腐食損傷と防食技術,pp19（2000）アグネ承風社.

8）中原正大：第148回腐食防食シンポジウム「装置産業における保温材下の外面腐食の現状と対策について」，pp.1-12（2004）腐食防食学会.

9）大津孝夫，中原正大：第188回腐食防食シンポジウム「化学プラント設備における外面腐食」－保温材下腐食を中心に現状とその管理や検査技術について－,pp4-12（2018）腐食防食学会.

10）大沼靖史：第148回腐食防食シンポジウム「装置産業における保温材下の外面腐食の現状と対策について」，pp45-48.（2004）腐食防食学会.

11）中原正大：日本材料学会腐食防食部門委員会例会資料,Vol.59,No.336,pp1-9（2020）.

12）日本材料学会腐食防食部門委員会編：事例で学ぶ腐食損傷と解析技術,pp.248-249（2009）さんえい出版.

溶射業界 あの日あのとき 1985年　労働省は溶射技能士制度（防食，肉盛（鋼）作業）を制定。

サステナブルソリューションズ・ハイブリッド皮膜除去技術

近年，橋梁や石油プラント・化学プラントなどの鋼構造物の補修・メンテナンス作業をいかに，高効率・高品質かつ環境負荷を少なく行うかが重要なテーマとなっている。橋梁のメンテナンスの場合，塗膜や錆を除去するためにアブレイシブブラスト技術を採用することが多いが，現場でのブラスト施工では塗膜や錆，あるいは研削材（メディア）などの飛散を如何に抑制するか，どのように廃棄物の排出量を抑制するかなど，数多くの課題があり，解決に向けた新たな工法の開発・適用が求められている。その1つとしてレーザクリーニング工法が注目を集めている。

サステナブルソリューションズが販売する米国・レーザーフォトニクス社（米国フロリダ州）製の「CleanTech LPC－200CTH」は，出力200Wの空冷式レーザクリーニング装置。100ボルト電源による動作が可能で，本体重量も約80kg程度と軽量かつキャスターが装備されているので作業場所近傍への設置が容易なためケーブルを延長することなく出力を維持することができる。また手持ち式レーザヘッドも重量2kg程度と，作業者の負担も少なく扱い易く，複雑形状にも対応できるなど，現場作業に適している。

同社では，このレーザクリーニング装置と塗膜剥離用高周波加熱装置「IHハクリ」（第一高周波工業製）とを組み合わせたハイブリッド皮膜除去技術（特許出願済み）を提案している。同工法は，IHハクリで鋼材表面を急速加熱し塗膜の接着層のみを選択的に加熱して塗膜の大部分を容易に剥離した後，表面に残ったわずかな塗膜や錆などをレーザクリーニングする。これによりアブレイシブブラストで問題となる粉じんや騒音を低減しメディアなどの二次廃棄物発生量を大幅に抑えることができる。

主な適用分野として，塗装ならびに金属溶射＋塗装で防食が施された鋼構造物の塗膜除去や各種タンク内面のライニング・コーティング類の剥離・除去，FRPの剥離・除去など。同社では「今後，さらに検証と改良を重ね，環境配慮型の塗膜除去技術として広く提案していきたい」という。

中災防，フィットテスト養成研修

中央労働災害防止協会は9月16日，東京・港区の安全衛生総合会館の5階大教室で第1回「マスクフィットテスト実施者養成研修【基本コース】」を開催した。これは溶接作業中に発生する溶接ヒュームが労働者に神経障害等の健康障害を及ぼすおそれがあることが明らかになったことから，厚生労働省が「労働安全衛生法施行令，特定化学物質障害予防規則（特化則）等」を改正し，4月1日から施行・適用したことに対応したもの。同研修会では，23年4月1日から義務化されるフィットテストへの研修も実施。1年半の猶予があるものの，フィットテストを行うことができる人材が全国的に不足しているため，フィットテスト実施者の養成が急務であることからも高い注目を集めた。

研修会の冒頭，中災防の川本俊弘所長から開会挨拶と当日の進行について説明。内容は解説と実習に分かれており，まず日本保安用品協会の正会員である重松製作所の保護具インストラクター渡邉雅之氏が「呼吸用保護具の使用方法・点検方法」，「フィットテストに用いる呼吸用保護具等の準備」について解説。その後，同協会の正会員であるスリーエムジャパンイノベーションの國谷勲氏より「定性的フィットテストに用いる機器等の準備」についての解説。最後に柴田科学の佐々木洋氏より「定量的フィットテストに用いる機器等の準備」の解説があった。

休憩を挟んで，その後実習ではA・Bグループに分かれ，それぞれが定量的フィットテストと定性的フィットテストを体験。使用されたのは受講者は，重松製作所のDS2規格の使い捨て防じんマスクを着用し，定性的フィットテストではスリーエム社製のフィットテストキット，定量的フィットテストでは柴田科学製の測定器が使用された。

解説・実習の後，JIST8150に対応している定量的フィットテストの測定器を扱っているトランステックと日本カノマックスの動画視聴が行われ，最後に受講者には修了証の授与が行われ閉会となった。

同研修会は，年度内に東京9回，大阪10回，北海道1回の開催が予定されているが，さらに回数を増やしていく方針。

▲フィットテスト研修

溶接学会，秋季全国大会開催

溶接学会（廣瀬明夫会長）の秋季全国大会が9月21日に開幕した。コロナ禍の影響から春季大会に引き続き，オンライン形式での開催とライブ配信とストリーミング配信を併用して行った。大会は28日まで開催される。

大会初日（21日）には全国大会初の試みとなるリアルタイムで開会式典を配信した。

廣瀬会長は「溶接・接合技術はものづくりの基盤技術であり，溶接学会は学術的基盤を担う活動を行っている。今大会では158件の講演があり，ライブ形式で人的交流を図るオンラインならではの企画も行う。ぜひ有意義なものとしてほしい」と挨拶。

福本昌宏・大会実行委員長（豊橋技

術科学大学）は「当初は溶接学会東海支部が担当となり，当大学を会場に講演と展示会を融合させたイベントとする計画だった。コロナ禍で実現にはいたらなかったが，自動車産業をはじめ東海地区の特徴をいかした技術セッションなど特色のある内容となった」と参加を呼び掛けた。

来賓祝辞として，愛知県の大村秀章知事が「溶接接合技術をはじめとした基盤技術がものづくり王国・愛知の礎となっている。さらなる技術の高度化に協力をいただきたい」とビデオメッセージを寄せた。

また開催地区を代表して豊橋技術科学大学の寺嶋一彦学長が「大会期間中に参加する産官学すべての方が学術交流を通じて溶接接合技術の高度化に向けて邁進することを祈念する」と述べた。

開会式典後，特別講演として，澤田和明氏（豊橋技術科学大学エレクトロニクス先端融合研究所長）が「マルチモーダルセンシング技術の開発と社会実装」として，大学が保有するLSI工場施設の紹介や，センサ技術をものづくりや橋梁保全などに活用する取り組みを紹介した。

会期中は，先進モビリティー社会をテーマとした技術セッションや若手会員によるポスター発表などが行われた。質疑応答もオンライン上で交わされるなど時間や場所の制約のない利点など，コロナ禍以降の講演大会の方向性を示す内容となっていた。

22日には，学会東海支部主催の技術セッション「先進モビリティー社会へと繋げるAIモノづくり」が開かれた。

基調講演として，トヨタ自動車生産本部車両生技領域統括部長の中村好男氏が「クルマづくりにおけるAI導入の現状，課題と今後の展望」として，同社の溶接工程を中心に紹介。足回り部品のアーク溶接工程やAIを用いた溶接欠陥判定システムの開発事例を紹介した他，独自開発のレーザスク

リューウェルディング（LSW）について解説。従来のスポット溶接と比較して「打点間のピッチを詰めることができ，車体剛性が向上する」と述べた。生産現場における新技術の適用についてが「AIはもはや特別な技術ではない。まずは使ってみることが重要」と呼びかけた。

金属AMで橋梁製作

オランダ・アムステルダムに金属アディティブ・マニュファクチャリング（AM）技術を駆使した橋がかかったことが話題を呼んでいる。この橋はオランダのMX3D社が製造したもので，4500kgのステンレスを使い，4台の金属AM装置で約6ヵ月をかけて造形した。現在は歩行者と自転車に対して開放されている。

この橋で使用されているAM技術はWAAM（ワイヤー・アーク・アディティブ・マニュファクチャリング）という，ワイヤとアーク溶接を用いるAM工法。アークによる熱でワイヤを溶かして積層するため，アーク溶接に近いAM技術だ。同工法は他のAM工法と比較して材料の単価を抑えることができ，加工速度に優れるメリットがある。

連続溶接技術の延長とされている金属AMだが，数年前まではデスクトップサイズの加工を中心としており，技能者の手作業では実現不可能な超微細加工の技術として注目を集めた。

一方，金属AMの中でも金属粉末にレーザビームを照射して固めるSLM（セレクティブ・レーザ・マニュファクチャリング）や，真空状態で電子ビームを駆使して金属を加工するEBAM（エレクトロ・ビーム・アディティブ・マニュファクチャリング）など，超微細加工に優位性のある技術は，加工コストが高くなり，製造した部品を適用できる企業は限られてしまうという課題がみられた。

完成した橋には各所にセンサを備え付けてあり，橋を渡る人の数やその歩

く速度から，振動，ひずみなどの構造に関する計測データ，さらに温度や大気などの環境状況を測定してフィードバックする。そのため，橋のライフサイクルを通して，ステンレス構造物の変化を記録・観察することが可能だ。各種データをエンジニアが計測して機械学習させることで，独自に金属AMの粉体材料について研究するとともに，メンテナンスや新設が必要となる構造物の状況の特定にあたる。

この橋から得られたデータを研究するのは英国の研究機関「アラン・チューリング・データ科学研究所」で，同機関と協同研究を行うケンブリッジ大学の研究チームは「過去，橋梁の劣化による故障などはしばしば見落とされてきた。この橋のセンサは劣化状態など明らかにすることができる。絶え間なくデータがフィードバックされてくるため，ゆくゆくは構造物の劣化を早期発見・警告することが可能になり，事故を未然に防ぐことができるようになるかもしれない」とコメントしている。

また，同チームは「金属AMでの造形は強度の特性がワークの向きに依存することを発見した。今まで強度は加工後の構造物に対して求められてきたが，加工法で強度が変化することなど，強度にはさまざまな指標があることがわかった」としている。

近年になり，世界中で人が住める大きさの建築物や橋梁といった，大型構造物をAM技術で製造するという挑戦が散見されるようになってきた。今回の橋の建設が今後，より大規模で複雑な金属AM技術による建築プロジェクトに対して，どのような影響を与えるのか注目が集まる。

▲金属AMで製作した橋

講演大会

日本溶射学会
2021年度秋季全国大会
■日時／2021年11月11日〜12日（金）
■会場／オンラインによるウェビナー開催
■内容／特別講演・シンポジウム
【AIが変える製造業の未来】
（11日）「機械学習によるレーザ粉体肉盛溶接の条件推奨と品質モニタリング」（神奈川県立産業技術総合研究所・森清和氏）
（12日）「産業分野における東芝のAI活用」（東芝・古藤晋一郎氏）
【オーガナイズドセッション−金属積層造形と溶射】
（11日）「金属積層造形技術の最新動向と今後の展開」（近畿大学・京極秀樹氏）／「溶射による金属積層造形」（信州大学・榊和彦）／「金属積層造形を活用する新材料とその造形技術の開発」（日立金属・太期雄三）
（12日）「表面改質技術としての金属積層造形─レーザコーティング技術」（大阪大学・塚本雅裕）、イブニングセッション（11日）
■参加費／会員6,000円、一般10,000円、学生3,000円
■問い合わせ先／日本溶射学会、電話06-6722-0096

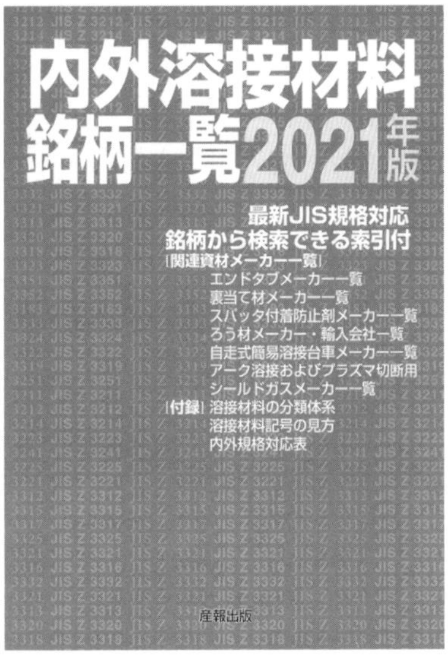

（公社）腐食防食学会
腐食防食入門講習会
■日時／2021年11月18日〜19日
■会場／オンライン開催
■内容／材料環境学入門、腐食の特徴と腐食携帯、環境の腐食作用、防食設計、腐食診断、事例で学ぶ防食の基礎─など
■参加費／会員36,300円、一般47,300円、学生会員8,030円
■問い合わせ先／腐食防食学会、電話03-3815-1161

> 内外行事リストは変更する場合もありますので、事前にお問い合わせください。

溶射の星

—第44話—

作・角野虎彦

クリーンエネルギーか

オレはあれは好かん！

城東？

ガキの頃ドンブリー杯につくったんをまる呑みにしてむせたことあるんじゃ！

プリンやない！クリーンや!!

その九州の会社「西海風電」が洋上風力発電の風車を？

地元の雇用創出を旗印に立ち上げて

今や全国各地で270基の風車を管理しとんや

でも要の風車は部品がメチャ多いし専門技術が必要やろ？

それでその会社が開催したオンラインの勉強会に摂津と松原が参加してつながりを持ったわけやねん

スポンサーの
方々の不安も
理解できます

私たちが直面
している課題は
多いですからね

西海風電
平戸社長

「グリーン成長
戦略」で政府が
導入を目指すと
言っても・・・・

目標として
示されたに
過ぎません

ところで私たちの
若いスタッフには
細かい所を気に
する者がいまして

はい?

今回の溶射施工は
ガスフレームではなく
アーク溶射なんです
よね・・・・・?

なるほど
火力という
言葉への
アレルギー

世間でも
SDGsが
話題ですね

豊中さん?
摂津です

えっ!?
平戸社長の
所に?

あら
社長と摂津くん
今朝は東京で学会
出てたけど?

神出鬼没
ですねェ

サンポー溶射工業

さすが鶴見
完璧やね！

アルミニウム
溶射!!

溶射は
風力発電
でも

お役に立ち
まっせーッ

風車の主軸の
ベアリングて
でかいですねェ

豊中さんが
小顔に見え
たりして

この程度
楽勝や

そやろ？
鶴見！

どうかな
・・・・・

スポンサーさん
思いとどまった
そうですね？

平戸社長の
熱意やろな

私たちが提供
させていただく
溶射皮膜が

風車のトラブルを
未然に防ぎ寿命を
飛躍的に伸ばす

結果それが
どれほど環境の
保全に役立つか

それに当社は
目先の利益を
求めてはいません

10年後20年後の
あなた方の夢

編集後記

◆10月に入り,ようやく緊急事態宣言が解除されました。だからと言って,すべての制限が解かれた訳ではなく,コロナ前のような生活が戻ってくるにはまだまだ時間を要することでしょう。むしろ「これが当たり前」とニューノーマル時代に即した生活スタイルが求められているのでしょうね。マスク着用,うがい・手洗い,ソーシャルディスタンス…。根っから不精者の小生にとって,皆様がごく当たり前におこなっていることを習慣付けることができたのは,良しと考えるべきです。まぁ,そんな能書きはさておき,宣言解除で気分的にはポジティブになったことは事実です。第6波も懸念されますが,前向きにいきましょう!!

◆リモートの活用が進んだのも大きな変化ですね。会議や商談,講演会,セミナーなど。アナログ昭和人の小生でさえ,「ちょっとええかなぁ…」と部下に甘えつつ,リモート取材にも果敢に挑戦しています。

◆一方,既報のとおり11月2日,名古屋で「レーザクラッディングセミナー」が開催されます。レーザクラッディング法に特化し,多彩な講師陣がさまざまな観点から同技術を紹介してくれます。リアルなセミナー・パネル展示にワクワク感も高まります。(T)

次号予告

◇2022年,溶射業界の展望と期待
◇日本溶射学会2021年度秋季全国講演大会

『溶射技術』Vol.40 No.2〜Vol.41 No.1 バックナンバー

●溶射皮膜の品質管理
●DLCコーティングの適用
●技術レポート

●防錆・防食溶射特集
●クリーンエネルギーにおける溶射技術
●技術解説

●金属3D積層造形の今
●品質向上に向けたブラスト処理技術
●技術解説

●抗菌コーティングへの展開
●現場を訪ねて
●技術解説

※溶射技術のバックナンバーに関するお問い合わせは当社販売部へ

溶射技術

●定価 3,300円(本体 3,000円+税10%)+送料 310円
●年間予約購読料 13,200円

第41巻 第2号　2021年10月20日発行
編集発行人　久木田　裕

発　行　所　産報出版株式会社Ⓒ
印　刷　所　株式会社ケーエスアイ

東京本社　〒101-0025 東京都千代田区神田佐久間町1-11(産報佐久間ビル)
電話 03(3258)6411(代表)　FAX 03(3258)6430　振替口座 00100-7-27544
関西支社　〒556-0016 大阪市浪速区元町2-8-9(難波ビル)
電話 06(6633)0720(代表)　FAX 06(6633)0840
ホームページアドレス(URL) https://www.sanpo-pub.co.jp

Website Pick Up !

広告掲載企業ホームページ一覧（掲載ページ順）

Website Pick Up !　広告掲載企業ホームページ一覧（掲載ページ順）

福田金属箔粉工業株式会社	www.fukuda-kyoto.co.jp
厚地鉄工株式会社	www.atsuchi-ascon.co.jp
九溶技研株式会社／島津工業有限会社	www.tpajp.com
株式会社鳥谷溶接研究所	www.toritani.co.jp
村田ボーリング技研株式会社	www.murata-brg.co.jp
Elcometer 株式会社	www.elcometer.com/ja
山陽特殊製鋼株式会社	www.sanyo-steel.co.jp
中国メタリコン工業株式会社（広島市経済観光局 ひろしまの企業情報ページ）	www.hitec.city.hiroshima.jp/sj/level7/n401209001.html
コーケン・テクノ株式会社	www.coaken-techno.co.jp
トーカロ株式会社	www.tocalo.co.jp